Walter Sönning / Claus G. Keidel

Wolkenbilder Wettervorhersage

BLV

Die Deutsche Bibliothek –
CIP-Einheitsaufnahme

Wolkenbilder – Wettervorhersage /
Walter Sönning ; Claus G. Keidel.
– 3., durchges. Aufl., (Neuausg.). –
München ; Wien ; Zürich : BLV, 1997
(BLV-Naturführer)
ISBN 3-405-15111-2

Text zu Kapitel Wetterpraxis:
Claus G. Keidel,
alle anderen Texte:
Walter Sönning

BLV Verlagsgesellschaft mbH,
München Wien Zürich
80797 München

3., durchgesehene Auflage,
Neuausgabe

BLV Naturführer

Lektorat: Dr. Friedrich Kögel
Umschlagentwurf: Studio Schübel,
München
Satz und Druck: Appl, Wemding
Bindung: Auer, Donauwörth

Gedruckt auf chlorfrei gebleichtem Papier

Printed in Germany · ISBN 3-405-15111-2

Bildnachweis

Deutscher Wetterdienst: 34, 37
C. Keidel: 2/3, 20 l, 47 o, 51 o, 57 o, 59, 61 o, 65 o, 79 o, 79 ul, 81 u, 83 ol, 89 u, 91, 93 o, 95 o, 97 o, 99 u, 101, 105 o, 107 u, 109, 111 o, 111 ul, 113 o, 114 M, 114 u, 117 o, 119, 121 o, 125 u
H. Keidel: 63 o, 107 o, 113 u, 117 u, 123 u
M. Keidel: 47 M, 51 u, 55 o, 57 u, 67, 69, 75 u, 77, 79 ur, 81 o, 85 u, 87, 97 u, 99 M, 103, 121 u, 125 o
F. Krügler: 20 r, 63 u, 71, 105 u
W. Sönning: 14, 45 u, 53, 55 u, 61 u, 75 M, 83 or, 83 u, 85 o, 89 o, 93 u, 95 u, 99 o
H. M. Peus: 45 o, 47 u, 65 u, 75 o, 111 ur, 114 o, 123 o

Umschlagfoto vorn: K.H.Hänel/Premium-Stock-Photography

Grafiken: Barbara v. Damnitz

Inhalt

6 Einführung

Historische Notizen 6
Moderne meteorologische Forschung 7
Wolkenformen und Wetterbilder 8

10 Wetterelemente

Die Temperatur der Luft 10
Die Luftfeuchte 12
Der Luftdruck – das »Gewicht« der Luft 14
Der Wind, die Bewegung der Luft 17
Weitere Wetterelemente 25
Vom Stockwerksaufbau der Atmosphäre 26
Von Form und Gestalt der Wolken 29

32 Wetterdynamik

Hoch und Tief 32
Wetter – Witterung – Klima 34
Die Wetterkarte 36
Wettereinflüsse auf den Menschen 38

41 Die Wetterphasen

1: Mittleres Schönwetter 44
2: Gesteigertes Schönwetter 46
3: Übersteigertes Schönwetter 48
4: Aufkommender Wetterumschlag 54
5: Wetterumschlag 60
6: Wetterberuhigung 64

72 Wolkenbilder

Cirrus (Ci) 76
Cirrocumulus (Cc) 78
Cirrostratus (Cs) 80
Kondensstreifen 80
Wolken der hohen Atmosphäre 82
Leuchtende Nachtwolken 82
Altocumulus (Ac) 84
Altostratus (As) 88
Stratocumulus (Sc) 90
Stratus (St) 92
Dunst und Nebel 94
Nimbostratus (Ns) 96
Cumulus (Cu) 98
Cumulonimbus (Cb) 100
Das Gewitter 100
Blitz und Donner 104
Der Regenbogen 106
Haloerscheinungen 108
Der farbige Himmel 110

112 Wetterpraxis

Wetterverschlechterung 112
Schönes Wetter 114
Kurzzeitige Wetterprognose 115
Bauernregeln 115
Wettergefahren 116
Tips für den Wassersportler 122
Tips für den Flugsportler 124

126 Register

Einführung

Historische Notizen

Die Abhängigkeit des Menschen von seiner atmosphärischen Umwelt, von Sonnenwärme, Wind und Regen, zeigt sich schon daran, daß es Aufzeichnungen über die »Wissenschaft« vom Wetter gibt, die zu den ältesten historischen Urkunden der Menschheit zählen. – Das Wetter war schon immer Gesprächsthema Nr. 1!
Ein solches fast 3000 Jahre altes Dokument ist z.B. eine Anleitung für die Wetterbeobachtung im alten Babylonischen Reich zwischen Euphrat und Tigris: »Wenn eine Wolke schwarz wird, wird Wind blasen«. Sie steht in Keilschrift auf einer Tontafel aus der Bibliothek des Assyrerkönigs Assurbanipal (ca. 669–627 v. Chr.).
Die ersten Zeugnisse meteorologischer Überlieferung zeigen allerdings noch den engen Bezug des Menschen zum Götterhimmel, in dem meist ein Wettergott oder ein Göttervater mit Wetter regierte. Der »blitzeschleudernde Zeus« aus der Ilias des Homer (ca. 800–700 v. Chr.) ist ja heute noch vielen Lateinschülern bekannt.
Im antiken Kulturkreis der Griechen und Römer war es später vor allem der berühmte Arzt Hippokrates (460–370 v. Chr.), der erste systematische Wetterbeobachtungen anstellte und bereits den Zusammenhang zwischen Wetterfronten und der Wolken- und Niederschlagsbildung in seinem Lehrbuch »Über die Luft, das Wasser und die Ortslagen« beschrieben hat. Dabei stand für ihn jedoch nicht das Wettergeschehen im Mittelpunkt, sondern vor allem dessen Einfluß auf die Entstehung und Entwicklung der Krankheiten. Mit Recht kann er deshalb auch als der Vater der modernen Bioklimatologie und der Medizinmeteorologie bezeichnet werden.
Der etwas später lebende Universalgelehrte Aristoteles (384–322 v. Chr.) widmete in seinem Lehrbuch über die Meteorologie auch ein Kapitel der Entstehung und den Erscheinungsformen der Wolken. Seine Forschungen waren hingegen geisteswissenschaftlicher Art, denn die Lehre von den Erscheinungen zwischen Himmel und Erde (tà metéora), also die Meteorologie, hatte eine zentrale Stellung innerhalb der damaligen Naturphilosophie.
Theophrast (380–285 v. Chr.), ein Schüler des Aristoteles, veröffentlichte deshalb auch das erste Lehrbuch des alten Griechenland über Meteorologie und Bioklimatologie (»peri semeion«, über die Wetterzeichen), das gleichzeitig auch eine Anleitung für die Wetterbeobachtung enthielt – man bedenke, dies war vor ca. 2300 Jahren!

Wie groß im antiken Griechenland das öffentliche Interesse an der Wetterkunde war, läßt sich z. B. auch an der Komödie »Die Wolken« des Satirikers Aristophanes (450–385 v. Chr.) erkennen. In diesem Theaterstück macht sich Sokrates als »moderner« Philosoph über den im Volke immer noch verbreiteten Glauben an den Götterhimmel lustig und bemerkt zu seinem Gesprächspartner Strepsiades: ». . . wenn eine regengeschwängerte Wolke an die andere prallt, dann tosen sie wegen der Spannung . . .« (und nicht, weil der Göttervater Zeus sie gegeneinandertreibt, wie Strepsiades behauptet hat).

Erst 1200 Jahre später, in der Blütezeit der arabischen Kultur, erscheint wieder ein bedeutendes Lehrbuch der Meteorologie. Interessanterweise stammt es aus dem Kreis der »Lauteren Brüder«, einem arabischen Geheimbund im 9. Jahrhundert n. Chr., der bestimmte geistige und politische Reformen anstrebte – fast könnte der Eindruck entstehen: Meteorologie – eine politische Wissenschaft!

In dieser Schrift wird die Entstehung der Wolken und des Niederschlags am Beispiel der aus den Badehäusern aufsteigenden und wieder als Wasser von den Dächern träufelnden »Dämpfe« sehr anschaulich und volksnah erklärt.

Wieder fast ein Jahrtausend später steht die Frage nach der Gestalt der Wolken am Anfang der modernen Meteorologie. Lamarck (französischer Naturforscher, 1744–1829) entwickelte als erster 1802 eine Klassifikation der Wolkenformen nach 5 Hauptgruppen, da dies »sehr bedeutend zur Feststellung und Erkenntnis meteorologischer Tatsachen sei«.

Schon im Jahr darauf, 1803, veröffentlichte dann der Engländer Luke Howard in seiner Schrift »Über die Veränderungen der Wolken« eine wesentlich verbesserte Systematik der Wolkenformen. Mit großer Einhelligkeit wurde sie in der Fachwelt begrüßt. In Deutschland hat kein geringerer als J. W. Goethe durch seine Schrift »Wolkengestalt nach Howard« (1817) für ihre Verbreitung gesorgt. Der heute für alle amtlichen Wetterdienste weltweit verbindliche »Internationale Wolkenatlas« (herausgegeben von der »World Meteorological Organization« 1956, Genf) geht im wesentlichen auf das System der Wolkenformen nach Howard zurück. In einem weltumspannenden Netz von über 10 000 Wetterstationen werden danach jeden Tag und zu jeder Stunde die Wolken nach einem System beobachtet, eingeteilt und an die Wetterzentralen gemeldet, das vor über 200 Jahren entwickelt worden ist. – Das ewige Formenspiel der Wolken kennt keine Grenzen, weder von Ländern, noch in der Forschungsgeschichte!

Moderne meteorologische Forschung

Die moderne Wissenschaft vom Wetter ist zur »Physik der Atmosphäre« geworden und bringt eine kaum noch zu überblickende Zahl von Veröffentlichungen hervor. Das große Interesse der meteorologischen Fachwelt gilt heute der physikalisch-mathematischen Analyse der Atmosphäre und ihrer Luftbewegungen. Von den Experten der »theoretischen« Meteorologie sind umfangreiche Rechenmodelle entwickelt und in hochleistungsfähige Computer eingespeist worden, mit deren Hilfe die Wettervorgänge in der Atmosphäre mehr oder weniger gut nachgeahmt werden können. Diese Rechenprogramme werden international von den amtlichen Wetterdiensten eingesetzt und sind mit den zu verarbeitenden weltweiten Wetterdaten so umfangreich, daß auch die neuesten und schnellsten Supergehirne immer noch Stunden zur Berechnung der numerischen (zahlenmäßigen) Wettervorhersagen benötigen. Diese Vorhersagen werden meist zweimal am Tag erstellt und gehen maximal 9 Tage in die Zukunft. Sie bestehen im wesentlichen aus Kartendarstellungen der Luftströmungen und Feuchteverteilungen in verschiedenen Höhen der Atmosphäre.

Für diese Großleistung der Meteorologen vom theoretischen Fach gilt allerdings ». . . unverändert auch heute noch, daß größere Fortschritte in der numerischen Vorhersage ohne wesentlich höheres Angebot von Rechengeschwindigkeit und Speicherplatz nicht möglich sind . . .«, wie vor nicht allzu langer Zeit einer von ihnen feststellte. Liegt vielleicht ein Grund für den offenbar noch nicht ganz befriedigenden Fortschritt dieser numerischen Wettervorhersage darin, daß Kollege Computer über die Wolken und ihre Sprache noch keine Auskunft gibt? Die kennt er nämlich nicht, von denen weiß er nichts; im besten Fall spuckt er die Wolkengestalten als dürre Prozentzahlen für die relative Luftfeuchtigkeit in seinen Tabellen oder Grafiken aus.

Es ist immer noch Sache des Meteorologen aus Fleisch und Blut, seiner Erfahrung und Beobachtungsgabe, die vom Computer ausgedruckten Zahlenkolonnen in Wolken am Wetterhimmel umzusetzen. Zur Verfügung hat er hierzu zwar die aktuellen Wolkenmeldungen aus dem weltweiten Wetterfernmeldenetz und die Bilder der Wettersatelliten. Wenn es aber um die Wolkenformen geht, ist er immer noch genauso auf seine eigene Erfahrung und Beobachtungsgabe angewiesen, wie jeder andere Zeitgenosse auch, der vom Wolkenhimmel das Wetter des Tages ablesen will.

Wolkenformen und Wetterbilder

Das magische Wetterauge am Himmel und die künstliche Intelligenz im Wettercomputer braucht der Berufsmeteorologe für seine längerfristigen Vorhersagen und Wetterberichte, die für eine größere Region gültig sein müssen. Interessanterweise hat sich herausgestellt, daß gerade die kurzfristigen, d. h. ein- bis zweitägigen Wettervorhersagen, nicht selten schlechter sind als die langfristigen. Außerdem wird jede Prognose um so ungenauer, je kleiner das Gebiet ist, auf das sie sich bezieht: Im Frühbericht »amtlich« vorherzusagen, ob der Wanderer X am Nachmittag beim Ort Y in ein Gewitter gerät, ist nicht möglich. Es gibt also durchaus Fälle, in denen jeder sein eigener Meteorologe werden muß, auch wenn er das Radio im Rucksack oder »im Ohr« hat.

Die Wolken sind dann das geeignete meteorologische Meßinstrument zum Erkennen des Wetters und seiner Änderungen. Kein anderes Instrument, wie z. B. ein Thermometer oder Barometer, ist für jeden so schnell erreichbar und mit dem ersten Blick so leicht ablesbar wie der Wolkenhimmel. Allerdings muß der Betrachter um die Sprache der Wolken wissen. Gibt es hier aber eine erlernbare Sprache, wenn deren Worte, die Wolken, so flüchtige und wandelbare Gebilde sind?

Schon der zweite Blick zum Himmel wird zeigen, daß zwar keine Wolke mehr am gleichen Ort wie vielleicht vor 10 Minuten steht, daß sich auch jede verändert hat, ihre charakteristischen Formen jedoch, nach denen man sie wiedererkennen kann, sind in jedem Fall aber die gleichen geblieben.

Eine Wolke ist somit kein fertiges und abgeschlossenes Gebilde, das im Luftmeer dahinschwimmt. In ihr wird vielmehr ein ganz bestimmter physikalischer Prozeß, d. h. eine ganz bestimmte Luftbewegung innerhalb der Atmosphäre als Gestalt sichtbar, genau wie eine Baumgestalt, die vor uns steht.

Wie es nun verschiedene Baumarten gibt, so entstehen durch die einzelnen Wetter- oder Luftbewegungen auch sehr verschiedene – aber jeweils immer wieder gleiche charakteristische – Wolkenarten, die deutlich als solche erkennbar sind, z. B. hochgetürmte Quellwolken am Sommerhimmel oder einheitlich graue Regenwolken. Dies ist nicht unbedingt selbstverständlich, es ist vielleicht sogar ein kleines Wunder! Denn es müssen ja bestimmte Form- oder Gestaltungskräfte der Atmosphäre am Werk sein, die immer wieder zielgerichtet eine bestimmte Wolkenform entstehen lassen, an der wir den dahinter wirkenden Wettervorgang ablesen können.

Hier liegt auch der Schlüssel für unsere kleine Wetterkunde, die wir in dem folgenden Wolken- und Wetterführer darstellen wollen: Jede Wetterlage spiegelt sich nicht nur im dazugehörenden Himmels- oder Wolkenbild, sondern drückt sich auch noch in bestimmten und immer wiederkehrenden Verhaltensmustern der übrigen Wetterelemente wie Lufttemperatur, Luftfeuchte, Luftdruck, Wind oder Klarheit der Sicht usw. aus: Wolkenhimmel und Wetterelemente ergeben immer wieder typische Wetterbilder. Man kann sie deutlich voneinander unterscheiden, aus ihnen setzt sich unser tägliches Wetter zusammen. Wichtig ist, daß sie meist eine ganz bestimmte Reihenfolge einhalten, wie die Szenen in einem Film.

Die Meteorologen haben deshalb den gesamten Wetterfilm in einzelne Abschnitte oder Phasen unterteilt. Sie haben dadurch eine gewisse Ordnung in dem täglichen, oft willkürlich, manchmal fast chaotisch erscheinenden Wetterablauf finden können.

Weil solche Wetterbilder oder -phasen aber auch jeder unmittelbar erlebt – und sei es als naß, weil er den Regenschirm vergessen hat – sind sie jedenfalls auch ein geeignetes »Wetterinstrument« für den Hobby-Meteorologen. Hat er nämlich eine Wetterphase an ihrem Wolkenbild erkannt, kann er für den nächsten oder vielleicht auch noch für den übernächsten Tag das entsprechende Wetter zumindest mit größerem Erfolg vorhersagen, als die 6 Richtigen im Lottoschein.

Wetterelemente

Die Temperatur der Luft

Die Temperaturverhältnisse in der Atmosphäre sind bestimmend für das organische Leben auf der Erde, ihr Studium ist eine Hauptaufgabe der Meteorologie. Die Temperatur ist ein Maß für den thermischen (die Wärme betreffenden) Zustand materieller Systeme. Physikalisch ist wiederum die Wärme eines festen, flüssigen oder gasförmigen Körpers die Summe der Bewegungsenergien seiner Moleküle und Atome. Je höher sie sind, d.h. je stärker die Atome und Moleküle um ihre Ruhelage schwingen, um so höher ist ihr Raumbedarf und gleichzeitig die Temperatur des Körpers.

Diese thermische Volumenänderung ermöglicht umgekehrt die genaue Bestimmung seines Wärmezustandes, z.B. eines Quecksilberthermometers: Je größer die Ausdehnung des Quecksilbers wird, um so höher steigt es in seinem engen Glasrohr. Der Bereich zwischen der Temperatur des gefrierenden und siedenden Wassers wurde von Celsius (schwedischer Astronom, 1701–1744) in eine Skala gleicher Stufen von 0 bis 100 Grad eingeteilt. Sie heißt deshalb Celsius- oder Centesimal-Skala und erstreckt sich natürlich beliebig weit über 100 °C hinaus als auch zu negativen Werten unter 0 °C. In englischsprachigen Ländern ist häufig noch die Temperaturskala nach Fahrenheit (Physiker, geb. in Danzig, 1686–1736) üblich. Bei ihr ist der Gefrierpunkt des Wassers mit 32 Grad und sein Siedepunkt mit 212 Grad festgelegt. Dazwischen liegen 180 gleiche Gradstufen, wobei 100 Grad Fahrenheit etwa der Körpertemperatur des Menschen entsprechen.

Die Temperatur der Luft wird gewöhnlich mit einem Quecksilberthermometer gemessen, das im Freien aufgehängt ist. Es übernimmt, wie beabsichtigt, die Bewegungsenergie der Luftmoleküle, zusätzlich nimmt es aber auch die Strahlungsenergie auf, die von den umgebenden Oberflächen und vor allem von der Sonne ausgeht. Die Messung der reinen Lufttemperatur ist deshalb nicht ohne Probleme. Das Thermometer

Umrechnungstabelle von Grad Celsius (°C) in Grad Fahrenheit (°F).

°C	−20	−10	−5	0	+5	+10	+15	+20	+25	+37.8
°F	−4	+14	+23	+32	+41	+50	+59	+68	+77	+100

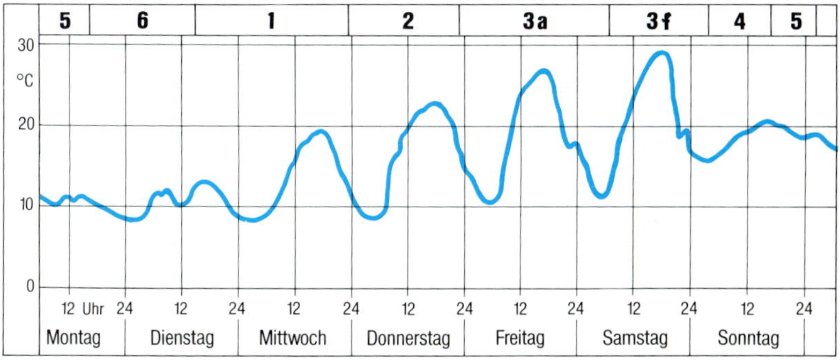

Die tägliche Schwankung der Lufttemperatur: Sie ist gering bei Schlechtwetter und groß bei Schönwetter. Die Zahlen in der oberen Reihe beziehen sich auf die Wetterphasen, s. S. 41 ff.

muß vor den verfälschenden Strahlungseinflüssen geschützt und möglichst auch gut belüftet sein. Keinesfalls darf es z. B. in der Sonne oder vor einer von ihr erwärmten Hauswand hängen. Die nicht selten wegen ihrer Höhe mit Überraschung gemessene »Temperatur in der Sonne« ist wenig sinnvoll, sie gibt Auskunft über die gerade herrschende Stärke der Sonnenstrahlung und nicht über die Lufttemperatur. Dies zeigt andererseits den engen Zusammenhang zwischen der Licht- und Wärmestrahlung der Sonne und der Lufttemperatur. Durch die Einstrahlung erwärmt sich der Erdboden und wird zur Heizfläche für die darüber liegenden Luftschichten. Umgekehrt wird er zu einer Kühlfläche, wenn er z. B. nachts Wärme abstrahlt und sich dabei abkühlt.

Die Stärke der Erwärmung des Bodens wird im wesentlichen vom Einfallswinkel der Sonnenstrahlen bestimmt, d. h. vom Stand der Sonne, der sich nach der Tageszeit, der Jahreszeit und der geographischen Breite eines Ortes ändert. Zum zweiten erwärmt sich die Erdoberfläche un-

Die Jahreswelle der Lufttemperatur in Orten verschiedener geographischer Breite (geglättete Werte). Oben: Agrigent (Sizilien, 331m NN), Mitte: Regensburg/Donau (337m NN), unten: Östersund (Schweden, 345 m NN).

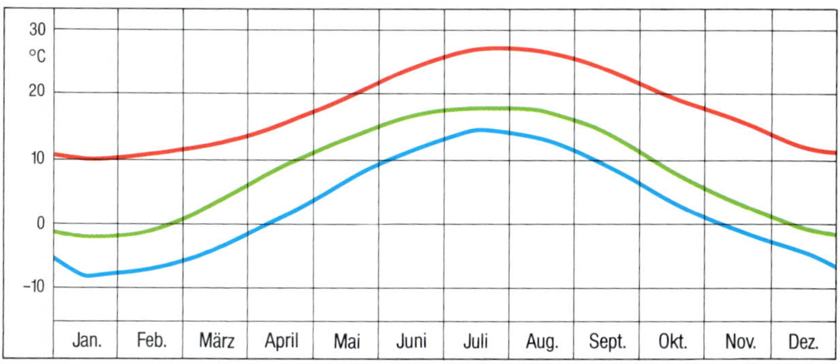

terschiedlich. Wassermassen, wie z. B. die Weltmeere, erwärmen sich langsam, dafür aber tiefreichender als die Landflächen und können damit mehr Wärme speichern als der feste Boden. Der Golfstrom des Atlantik wirkt für die Küsten Frankreichs, der Britischen Inseln und Norwegens bis zum Nordkap wie eine Warmwasserheizung. Zum dritten nimmt die Lufttemperatur mit der Höhe über dem Meeresspiegel im Mittel um 0.65 °C pro 100 m ab (s. Tabelle S. 15). Dies hängt vor allem mit der gleichzeitigen Luftdruckabnahme zusammen, wie später erklärt wird, und nur in sehr geringem Maße mit der Sonnenstrahlung. Immerhin kann dieser Effekt über die Höhenlage bereits beträchtlich die mittlere Lufttemperatur eines Ortes, also sein Klima, bestimmen.

Die ungleiche Erwärmung der Erdoberfläche und der über ihr lagernden Luftschichten gibt zu großräumigen horizontalen Luftströmungen unterschiedlicher Temperatur Anlaß, aber auch zu vertikalen Austauschströmungen, die von Wolken, Niederschlag oder heiterem Himmel begleitet werden. Somit hängt die Lufttemperatur an einem Ort nicht nur vom täglichen Sonnenstand ab, sondern auch vom Wind oder vom gerade herrschenden Wetter, wie die Registrierungen zeigen.

Die Luftfeuchte

Wie die Temperatur der Luft, ist auch deren Feuchte ein sehr wichtiges meteorologisches Element. Durch Verdunstung von der Erdoberfläche wird der Atmosphäre dauernd Wasser in unsichtbarer Form, d. h. Wasserdampf zugeführt. (Strenggenommen müßte das verdunstete Wasser ja »Wassergas« heißen, weil es genauso unsichtbar ist, wie die übrigen Gase, aus denen sich die Luft zusammensetzt (s. u.). Nach dem üblichen Sprachgebrauch bezeichnet man nämlich mit »Wasserdampf« eine sichtbare Wolke, in der das »Wassergas« bereits auskondensiert und als winzige Tröpfchen enthalten ist.)

Die Verdunstung erfolgt hauptsächlich von den Oberflächen der Weltmeere, vor allem der tropischen, aber auch von Seen, Flüssen und der Vegetation. Vom Erdboden weg wird der (unsichtbare) Wasserdampf dann durch die horizontalen und vertikalen Luftströmungen in der Atmosphäre verteilt und fällt als flüssiger oder fester Niederschlag wieder auf die Erdoberfläche zurück. Über die Gewässersysteme der Flüsse und Ströme gelangt er schließlich wieder in die Ozeane. Das Wasser beschreibt somit einen weltweiten Kreislauf, der von größter Bedeutung für das Leben auf der Erde ist. Dabei tritt es auch in der Atmosphäre in seinen drei Aggregatzuständen als (unsichtbares) Gas, als flüssiges Wasser und als festes Eis auf.

In der Meteorologie betrachtet man die Luft als ein Gemisch aus zwei Gaskomponenten: trockene Luft und Wasserdampf. Erstere besteht aus verschiedenen Teilgasen mit immer gleichbleibenden Mischungsverhältnissen, während der Wasserdampfgehalt der Luft sehr großen Schwankungen unterliegt. Das Gemisch aus beiden Komponenten wird feuchte Luft genannt. Beide üben je für sich einen Teil- oder Partialdruck aus, die Summe dieser Partialdrucke ist der herrschende

Sättigungsdampfdruck E des Wassers
in Hektopascal (hPa) in Abhängigkeit von der Lufttemperatur in °C.

°C	−30	−20	−10	0	+10	+20	+30	+40	+50	+100
E	0.51	1.25	2.85	6.11	12.3	23.4	42.4	73.7	123	1013

Luftdruck (s. nächstes Kapitel!). Den Partialdruck des Wasserdampfes nennt man den Dampfdruck. Der höchste Wert, den er in einem bestimmten Luftvolumen annehmen kann, der Sättigungsdampfdruck, hängt stark von der Temperatur der Luft ab (s. Tabelle).

Der Tabellenwert von 1013 hPa für E bedeutet nichts anderes als die Siedetemperatur des Wassers bei diesem Luftdruck: Erhitzt man es beim Normaldruck in Meereshöhe auf 100 °C, wird sein Partialdruck so groß wie der Luftdruck und es kann in seine Gasform übergehen.

Die Luftfeuchte kann in verschiedenen Maßen angegeben werden: Die absolute Feuchte ist die Wasserdampfmenge in Gramm pro Kubikmeter feuchter Luft. Die relative Feuchte ist das Verhältnis zwischen tatsächlich herrschendem Dampfdruck und Sättigungsdampfdruck bei der gegebenen Lufttemperatur und wird in Prozent ausgedrückt. (Man beachte, daß bei 100% relativer Feuchte nicht alles »in Wasser

Die tägliche Schwankung der relativen Luftfeuchte: Bei ungestörtem Schönwetter (die Zahlen oben bezeichnen die Wetterphasen, s. S. 41 ff.) ist ihre Tagesperiodik am größten, bei Schlechtwetter wesentlich kleiner und bei Nebel oder Hochnebel kaum vorhanden.

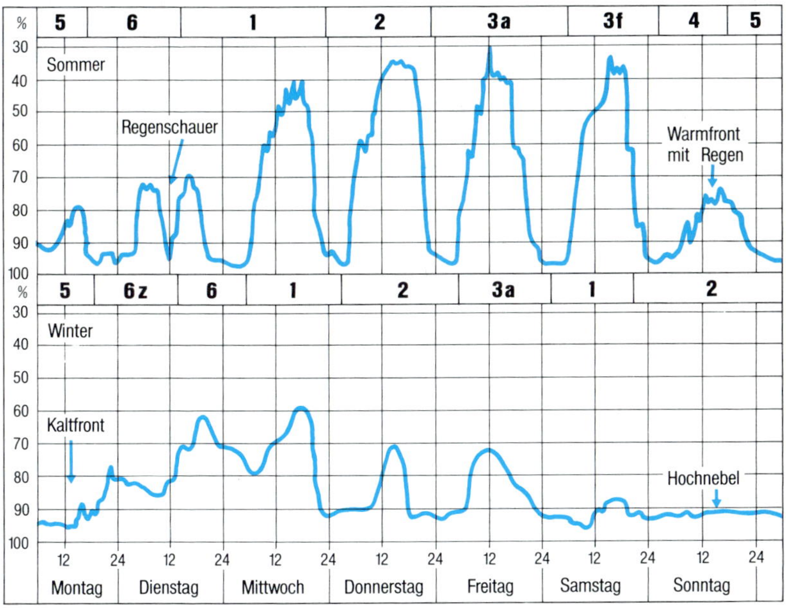

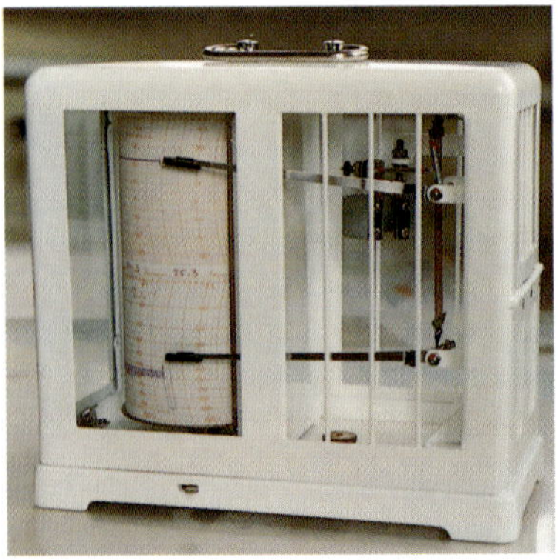

Thermohygrograph mit Registriertrommel, Bimetallstreifen (für Temperatur) und Haarharfe (für Feuchte).

schwimmt«, sondern nur der Sättigungspunkt erreicht ist, der z. B. bei 20 °C Lufttemperatur in Meereshöhe einem Dampfdruck von 23,4 hPa oder einer absoluten Feuchte von 17,3 Gramm Wasser pro Kubikmeter feuchter Luft entspricht, wobei ein Kubikmeter trockener Luft von 20 °C in Meereshöhe immerhin etwa 1100 Gramm wiegt!)

Kühlt man Luft von gegebener Feuchte und Temperatur ab, so wird bei einer bestimmten Temperatur, dem Taupunkt, die relative Feuchte von 100% erreicht. Wird der Taupunkt nun unterschritten, oder Wasserdampf der Luft zugeführt, kondensiert so viel Wasserdampf in Form kleiner Tröpfchen aus, daß die relative Feuchte stets ihren Wert von 100% beibehält: Wolken, Nebel oder Tau enstehen.

Das bekannteste und am weitesten verbreitete Meßgerät für die relative Luftfeuchte ist das Haarhygrometer, bestehend aus einer Reihe von parallel aufgespannten und besonders behandelten Frauenhaaren.

Wie bei der Lufttemperatur zeigen die Registrierungen der Luftfeuchte regelmäßige (periodische) und unregelmäßige Schwankungen, in denen Tagesgänge, Jahresgänge oder aperiodische Wettereinflüsse erkennbar werden (s. Grafik S. 13).

Der Luftdruck – das ›Gewicht‹ der Luft

Unter Wirkung der Schwerkraft übt jeder Körper auf seine Auflagefläche einen Druck aus, der seiner Masse, d. h. seinem Gewicht entspricht. Dies gilt auch für die Luft. In Gasen oder Flüssigkeiten pflanzt sich der Druck jedoch in jeder Richtung gleichmäßig fort, so daß er senkrecht auf ihre Begrenzungsflächen, unabhängig von deren Orientierung wirkt. In der Meteorologie gilt als Luftdruck das Gewicht einer Luftsäule von einem Quadratzentimeter Querschnitt, die vom Meßpunkt bis zur äußeren Grenze der Atmosphäre reicht.

Gemessen wird der Druck nach internationaler Vereinbarung seit 1969 verbindlich in der Einheit Pascal (Abkürzung Pa), genannt nach dem französischen Mathematiker, Physiker und Philosophen Blaise Pascal (1623–1662). 1 Pa ist der Druck, der entsteht, wenn senkrecht auf die Fläche von 1 Quadratmeter die Kraft von 1 Newton wirkt.

Frühere Maßeinheiten, die in älterer Literatur häufig noch zu finden sind, waren das Torr (genannt nach dem italienischen Physiker Torricelli, 1608–1647), das dem 760sten Teil des Druckes entsprach, den eine Quecksilbersäule von 760 mm Höhe (= 760 mm Hg) im normalen Schwerefeld der Erde senkrecht auf ihre Grundfläche ausübt. Außerdem war das Bar, in der Meteorologie sein 1000ster Teil, das Millibar (mbar), in Gebrauch. Für die Umrechnung der Einheiten gilt:

1 Torr = 1 mm Hg = 4/3 mbar, oder

1 mbar = 3/4 mm Hg = 3/4 Torr.

Aus Gründen der bequemeren Umrechnung wird in der Meteorologie das 100fache der neuen Einheit Pa, das Hektopascal (hPa) verwendet, so daß sich schließlich 1 mbar = 1 hPa ergibt.

Zur Luftdruckmessung werden in der Meteorologie fast nur Quecksilberbarometer oder Aneroidbarometer verwendet. Erstere bestehen wie zu Zeiten Torricellis im Prinzip aus einem senkrechten, etwa 1 m langen, oben geschlossenen und luftleeren Glasrohr, das unten in ein Gefäß mit Quecksilber mündet. Aus diesem steigt unter Wirkung des atmosphärischen Drucks der Inhalt im Glasrohr entsprechend hoch, im »Normalfall« also 760 mm. Das Aneroid- oder Dosenbarometer besteht aus einem Satz selbstfedernder und luftdichter kleiner Metalldosen, deren Formänderungen unter den Luftdruckschwankungen sich mit Hilfe eines Schreibarmes auf eine Registriereinrichtung übertragen. Dosenbarometer eignen sich deshalb sehr gut für die Aufzeichnung von Luftdruckkurven.

Da die Luft wie jedes andere Gas zusammendrückbar (kompressibel) ist, nimmt ihr Druck und ihre Dichte mit der Höhe ab, wobei ihre Obergrenze dort angenommen werden kann, wo ihre Dichte gegen Null geht, also in mehr als ca. 400 km Entfernung von der Erdoberfläche. Wegen der Höhenabhängigkeit des Luftdrucks müssen die an den Wetterstationen gemessenen Werte unter Annahme gleicher Temperaturbedingungen auf das Meeresniveau (NN) reduziert (zurückgeführt) werden. Erst dann sind sie zur Analyse in den Wetterkarten geeignet, wobei sie durch Linien gleichen Drucks, die Isobaren, meist in Stufen von 5 zu 5 hPa, verbunden werden.

Die Dichteabnahme der Luft mit der Höhe über NN vollzieht sich nach einem strengen Gesetz, das von der »barometrischen Höhenformel« beschrieben wird. Nach der »allgemeinen Gaszustandsgleichung« besteht ein fester Zusammenhang zwischen Temperatur, Druck, Volumen und Masse (oder Dichte) eines Gases: Je höher seine Temperatur, um so größer wird auch das Produkt aus Druck und Volumen von z. B. 1 kg seiner Masse. Die barometrische Höhenformel besagt, daß der Luftdruck

Abnahme von Luftdruck und Temperatur mit der Höhe.

Gerundete Werte nach der ICAO Standard-Atmosphäre.

Höhe über NN in m	Druck in hPa	Temperatur in °C
10000	264	−50
9000	307	−43
8000	355	−37
7000	410	−30
6000	472	−24
5000	540	−17.5
4000	617	−11.2
3500	658	− 7.8
3000	701	− 4.7
2500	748	− 1.3
2000	793	+ 1.7
1500	845	+ 5.0
1000	898	+ 8.3
500	955	+11.5
0	1013	+15.0

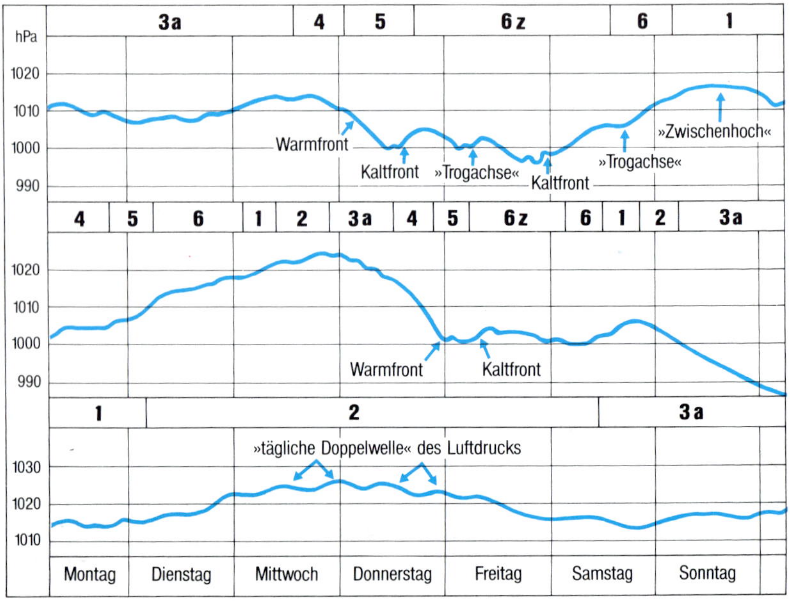

Die täglichen Schwankungen des Luftdrucks. Oben und Mitte: Vom Wetter verursachte aperiodische Schwankungen (s. S. 32 ff.). Unten: Die gleichmäßige tägliche Doppelwelle. Die Zahlen bezeichnen die Wetterphasen (s. S. 41 ff.).

in gleichen Höhenintervallen jeweils auf seinen halben Wert abnimmt: in 5500 m auf ca. 506 hPa, in 11 km auf 253 hPa usw. Die Tabelle S. 15 enthält einige Wertekombinationen, aus denen man z. B. den Höhenunterschied zweier Bergstationen abschätzen kann.

Die Luftdruckregistrierungen zeigen sowohl jährliche, als auch tägliche gleichmäßige Schwankungen. Besonders aber fallen darin die unre-

Eine Vierteljahresregistrierung des Luftdrucks mit den aperiodischen Schwankungen.

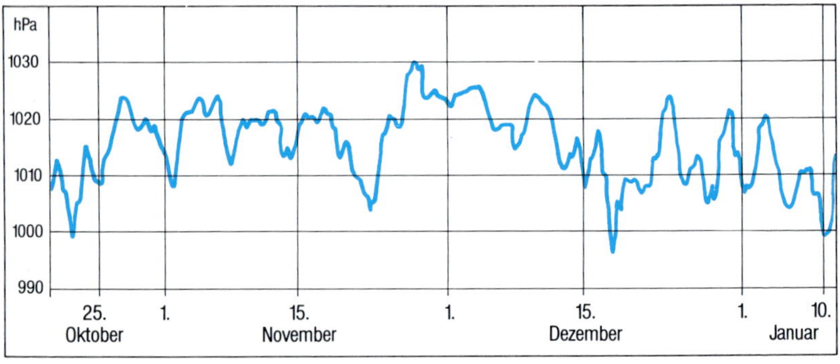

gelmäßigen (aperiodischen) Änderungen auf, die in den mittleren Breiten und in den Polargebieten meist so stark sind, daß sie die periodischen Schwankungen überdecken. Sie werden verursacht von den westostwärts wandernden Hoch- und Tiefdruckgebieten. In den Tropen bzw. in langen Schönwetterphasen zeigt die Barographenkurve hingegen nur eine gleichförmige tägliche Doppelwelle von 3–4 hPa Unterschied zwischen den Maxima und Minima. Sie ist im wesentlichen eine Auswirkung der Erdumdrehung mit der täglichen Erwärmung und Abkühlung der Atmosphäre.

Der Wind, die Bewegung der Luft

Als Wind empfinden wir die in horizontaler Richtung strömende Luft. In der Atmosphäre gibt es aber auch Luftbewegungen, die auf- oder abwärtssteigen, d.h. senkrecht (vertikal) zur Erdoberfläche gerichtet sind. Der Wind setzt sich daher immer aus horizontalen und vertikalen Strömungen zusammen, wenn auch mit stets wechselnden Anteilen.

Vertikalwinde sind vor allem für die Wolkenbildung und -auflösung, für die Entstehung des Niederschlags und der Gewitter von grundlegender Bedeutung. Eine wichtige Aufgabe haben sie außerdem bei der Übertragung von Wärme und Feuchte von der Erdoberfläche in die Atmosphäre. Man nennt dies den »vertikalen Austausch«, z.B. von Wärmeenergie oder Wasserdampf.

Eine große Anzahl weiterer Stoffe und Eigenschaften werden von den Luftströmungen aber auch horizontal verfrachtet und verteilt. Man spricht deshalb auch von einem horizontalen Transport durch die Luft. Er kann Länder, Ozeane und ganze Kontinente übergreifen. Feinster, durch den Südwind verfrachteter Saharastaub wird z.B. nicht selten in Mitteleuropa festgestellt. Die Problematik um die Luftverschmutzung und die Schadstoffe, die weltweit über das Transportunternehmen Atmosphäre ausgetauscht werden, ist allgemein bekannt. Weniger geläufig ist, daß der Wind auch seine eigene Bewegungsenergie transportiert und damit eine Kraftwirkung über weite Entfernungen übertragen kann. Umgestürzte Bäume im Binnenland oder Sturmfluten an den Küsten geben eine Vorstellung von den gewaltigen Kräften, die z.B. bei der Entwicklung eines Sturmtiefs über dem Nordatlantik freigesetzt und über Tausende von Kilometern übertragen werden.

Die Eigenschaft des Windes, eine Kraft auf Gegenstände auszuüben, wird auch für seine Beobachtung und Messung ausgenutzt. Eine Skala für die Abschätzung der Windstärke wurde 1805 von dem britischen Admiral Sir Francis Beaufort eingeführt. Er ging damals von den Bedürfnissen der Segelschiffahrt aus und teilte den Zustand der Meeresoberfläche in 12 Stufen (Beaufortgrade) von Windstille bis zum Orkan ein. Später wurde diese Skala auf Landbeobachtungen übertragen. Sie ist heute immer noch in Gebrauch. Im Jahre 1956 ist allerdings die Windstärke 12 noch in zusätzliche 5 Teilintervalle aufgegliedert worden, so daß sie nun bis zur Stärke 17 mit über 200 km/h reicht. Es ist allerdings müßig, die Auswirkungen so hoher

Beaufortskala des Windes.

Stärke (Bft)	Knoten (kt)	km/h	Bezeichnung	
			Land	See
0	0–1	0–1	Stille	Stille
1	1–3	1–5	leichter Zug	leiser Zug
2	4–6	6–11	leichter Wind	leichte Brise
3	7–10	12–19	schwacher Wind	schwache Brise
4	11–15	20–28	mäßiger Wind	mäßige Brise
5	16–21	29–38	frischer Wind	frische Brise
6	22–27	39–49	starker Wind	starker Wind
7	28–33	50–61	steifer Wind	steifer Wind
8	34–40	62–74	stürmischer Wind	stürmischer Wind
9	41–47	75–88	Sturm	Sturm
10	48–55	89–102	schwerer Sturm	schwerer Sturm
11	56–63	103–117	orkanartiger Sturm	orkanartiger Sturm
12	64 und mehr	118 und mehr	Orkan Tornado	Orkan Wirbelsturm

Auswirkung	
Land	See
Rauch steigt gerade auf	spiegelglatte See
kaum wahrnehmbar	kleine schuppenförmige Kräuselwellen ohne Schaum
Wimpel oder Laub bewegen sich, Windfahnen zeigen Richtung an	kurze, ausgeprägte Wellen, Kämme sehen glasig aus, brechen aber nicht
streckt Wimpel, dünne Laubzweige in dauernder Bewegung	Kämme beginnen sich zu brechen, Schaum meist glasig, ganz vereinzelt kleine weiße Schaumköpfe
dünnere Äste bewegen sich, Staub und lockerer Schnee wirbeln auf	Wellen noch klein, werden aber länger; verbreitet weiße Schaumköpfe
kleinere Laubbäume beginnen zu schwanken, Äste bewegen sich	mäßige Wellen mit ausgeprägter langer Form; überall weiße Schaumkämme, ganz vereinzelt schon Gischt
bewegt große Äste; pfeift oder heult in Freileitungen oder in Bäumen ohne Laub	Bildung großer Wellen beginnt; Kämme brechen, breiten sich über größere Flächen aus, etwas Gischt
Bäume schwanken, Gehen gegen Wind behindert	See türmt sich, der weiße Schaum beginnt sich in Windrichtung zu legen
bricht Zweige von Bäumen, beschwerliches Gehen im Wind	mäßig hohe Wellenberge mit langen Kämmen; Gischt beginnt abzuwehen, Schaum legt sich in ausgeprägten Streifen in Windrichtung
kleinere Schäden an Häusern, einzelne Dachziegel werden herabgeweht	hohe Wellenberge, dichte Schaumstreifen legen sich in Windrichtung; »Rollen« der See beginnt
Bäume werden entwurzelt, größere Schäden an Häusern	sehr hohe Wellenberge mit brechenden Kämmen; See ist weiß durch Schaum; stoßartiges Rollen der See
selten im Binnenland, meist nur in Gipfelregionen der Hochgebirge; verbreitete Sturmschäden	außergewöhnlich hohe Wellenberge; Kanten der Wellenkämme werden überall zu Gischt zerblasen; Sicht herabgesetzt
wie bei 11	Luft mit Gischt angefüllt, See vollständig weiß; Sicht stark herabgesetzt

Schwacher Wind (Bft 3) über Binnensee.

Sturm auf hoher See (Bft 9).

Windgeschwindigkeiten noch unterteilen zu wollen. Geschwindigkeiten jenseits der Stärke 12 sind nahe dem Erdboden zum Glück sehr selten und werden fast nur an Stationen im Hochgebirge, in Tornados, tropischen Wirbelstürmen oder in den Orkanen über dem Nordatlantik beobachtet.

Die Beaufortskala erlaubt, die Windstärke ohne Meßinstrumente zu bestimmen und reicht für gewöhnliche Wetterbeobachtungen aus. Für genauere Messungen gibt es verschiedene Typen von Windmessern (Anemometer), von denen das Schalenkreuzanemometer das gebräuchlichste für meteorologische Beobachtungen ist. Es besteht aus drei oder vier halbkugelförmigen und etwa tennisballgroßen Schalen, die mit Armen an einer vertikalen Achse befestigt sind. Der Wind treibt sie an und läßt sie um die Achse rotieren. Die Anzahl der Umdrehungen pro Sekunde oder Minute gibt die Windgeschwindigkeit je nach Eichung des Gerätes in Meter pro Sekunde, Kilometer pro Stunde oder in Knoten (kt; 1 kt = 1,852 km/h) an.

Die Windrose.

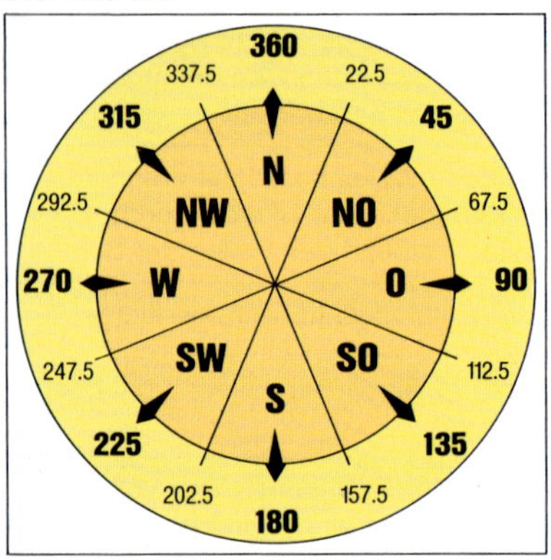

Um den Wind aber vollständig zu bestimmen, muß man zusätzlich zur Geschwindigkeit auch seine Richtung, d. h. die Himmelsrichtung angeben, aus der er weht. Für eine zahlenmäßige Bestimmung der Windrichtung verwendet man meist die Einteilung des Vollkreises in 360 Grad (360°) und ordnet den einzelnen Sektoren die Himmelsrichtungen zu. Dabei bedeuten 360° Wind aus Norden, 90° Wind aus Osten, 180° Wind aus Süden und 270° Wind aus Westen (s. Grafik). Weitere Hauptwindrichtungen sind Nordost (45°), Südost (135°), Südwest (225°) und Nordwest (315°).

Richtung und Geschwindigkeit machen aus dem Wind eine gerichtete Größe (Vektor). Der Windvektor wird gewöhnlich als Pfeil aus der gegebenen Richtung und mit einer Länge gezeichnet, die der Windgeschwindigkeit entspricht. Das meteorologische Symbol für den Windvektor ist in den Wetterkarten jedoch ein immer gleich langer gefiederter Pfeil, an dem ein Querstrich jeweils 10 kt, ein halblanger Querstrich 5 kt und ein ausgefülltes kleines Dreieck 50 kt bedeuten. Die Windströmungen der Atmosphäre können durch gleichzeitige Beobachtung des Windvektors an genügend vielen Meßorten in Karten dargestellt werden, indem man die Stromlinien aus den Meßdaten analysiert und einzeichnet. Neben der Richtung geben diese auch einen Hinweis auf die Geschwindigkeit der Strömung: je höher sie ist, um so dichter liegen die Stromlinien nebeneinander (vgl. Karte S. 37).

Von weiteren Eigenschaften des Windes

Registrierungen zeigen, daß der Wind nie gleichmäßig verläuft, denn von den Schreibern wird meist ein mehr oder weniger breites Band aufgezeichnet, aus dem einzelne Spitzen herausragen. Das Wesen des Windes ist, daß er sowohl um einen mittleren Geschwindigkeitswert als auch um die gerade vorherrschende Richtung schwankt. Man nennt dies die Böigkeit des Windes. Bei Sturm sind die Spitzenböen gerade deshalb so gefürchtet, weil sie überraschend und plötzlich auftreten und deshalb wie ein Hammerschlag wirken.

Ursache der Böigkeit des Windes ist die Turbulenz der Luft. Sie ist jeder Strömung in der Atmosphäre überlagert und von grundlegender Bedeutung für den Wärmehaushalt der Atmosphäre, für die Verdunstung und für die Ausbreitung von Gasen oder sonstigen Beimengungen der Luft. Wäre sie nicht vorhanden, würden die verschiedenen Schichten der strömenden Luftmassen übereinander und nebeneinander gleiten ohne sich zu vermischen, es würde kein Austausch oder Transport stattfinden können. Die Turbulenz kann sehr rasch und stark wechseln, da sie von der Windgeschwindigkeit ebenso ab-

Entstehung der dynamischen Windturbulenz durch die Bodenreibung.

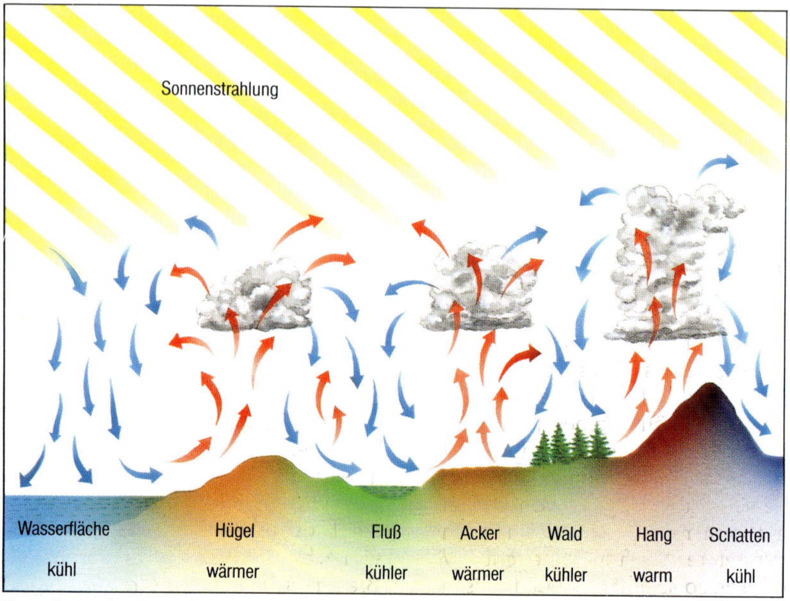

Entstehung der Konvektion durch die unterschiedliche Erwärmung der Erdoberfläche.

hängt wie von der Rauhigkeit der Bodenoberfläche, über die der Wind streicht und von der vertikalen Temperaturschichtung der Luft.

Die Turbulenz der Luft ist zunächst nur schwer vorstellbar. Im Grunde genommen setzt sie sich jedoch aus Luftwirbeln aller Größen zusammen, die ineinander, umeinander und nacheinander ihr Wesen treiben. Diese Wirbeligkeit der Atmosphäre spielt bei der mathematischen Beschreibung ihrer Strömungen eine große Rolle. Die Luftwirbel kommen in allen Größenordnungen vor, von wenigen Millimetern oder Zentimetern bis zu planetarischen Ausmaßen von mehreren 1000 km Durchmesser: Letzteres sind die Tiefdruckgebiete, die unser Wetter machen.

Nur in den Wolken wird für uns die Turbulenz der Atmosphäre sichtbar, sei es in den »Schäfchen«-Wolken, den hochquellenden Gewittertürmen oder den riesigen Wolkenspiralen der Tiefs über den Ozeanen und Kontinenten, die erst durch die Satellitenbilder für uns so deutlich erkennbar geworden sind.

Man unterscheidet zwei Arten von Turbulenz: Die dynamische wird bei der Reibung zwischen dem Wind und den Unebenheiten der Erdoberfläche ausgelöst und bleibt auf wenige 100 m über dem Boden beschränkt (s. Grafik S. 21). Die thermische Turbulenz oder Konvektion entsteht, wenn die Sonne den Erdboden erwärmt. Die darüberliegende Luft heizt sich auf, wird leichter, erfährt einen Auftrieb, d. h. die Schichtung wird labil. »Blasen« oder »Schläuche« wärmerer Luft steigen als Thermik in die Höhe und verursachen z.B. die Quellbewölkung. Zum Ausgleich muß anderswo kältere Luft absteigen. Diese Konvektion kann die gesamte Troposphäre erfassen, wobei sie um so heftiger wird, je stärker die Labilität ist (s. Grafik).

Von der Entstehung des Windes

Jede Materie, auch die Luft, kann nur dann in Bewegung geraten, wenn Kräfte auf sie einwirken. In der Atmosphäre sind es vor allem drei Kräfte, die Luft in Bewegung setzen und ihre Strömung bestimmen:

a) Die Druckgradientkraft. Sie wird durch die Luftdruckunterschiede hervorgerufen und ist von Gebieten mit höherem Luftdruck zu solchen mit tieferem Luftdruck gerichtet. Wie Wasser, so strömt auch Luft zwischen Gebieten mit unterschiedlichem Druckniveau »abwärts«: je stärker das Gefälle um so rascher auch die Strömung des Gradientwindes. Die Druckgefälle in der Atmosphäre werden andererseits durch die unterschiedliche Erwärmung der Luftmassen in den verschiedenen Gebieten der Erde infolge der wechselnden Sonneneinstrahlung aufgebaut (s. Grafik unten).

b) Die Corioliskraft oder die »ablenkende Kraft der Erdrotation« (benannt nach dem französischen Mathematiker G. de Coriolis, 1792–1843). Sie ist eine Scheinkraft, die auf jeden Körper wirkt, der sich auf der Erde bewegt. Sie wirkt immer senkrecht auf seine Bewegungsrichtung, auf der Nordhalbkugel nach rechts, auf der Südhalbkugel nach links und ist um so größer, je höher die Bewegungsgeschwindigkeit ist. Ein ruhender Körper erfährt also keine Wirkung durch die Corioliskraft. Ihre Ursache liegt in der Rotation der Erde um ihre Achse. Bewegen sich z.B. Luftmassen aus nördlichen Breiten südwärts, laufen sie wegen ihrer Trägheit der Erdrotation hinterher: ein Nordwind wird damit zum Nordost- und schließlich zum Ostwind (s. Grafik S. 24). Der Wind kann also nicht unmittelbar der Gradientkraft zum tieferen Druck folgen, er wird vielmehr so umgelenkt, daß

Entstehung der Druckgradientkraft.

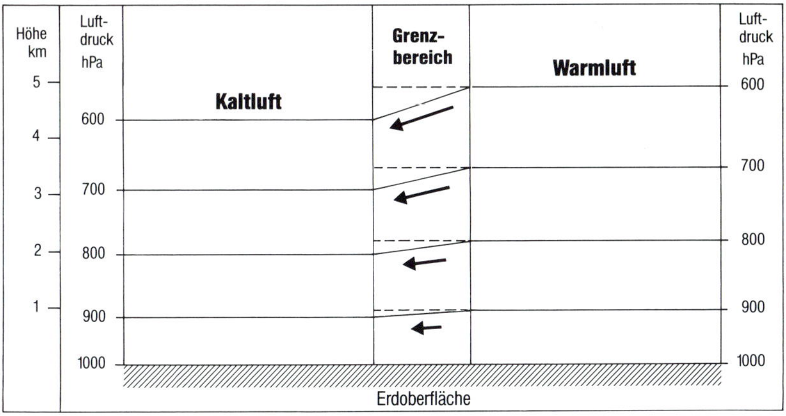

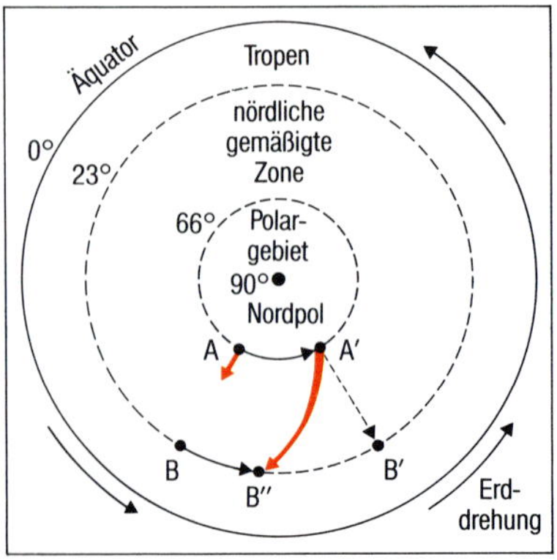

Wirkung der Corioliskraft: Ein von Punkt A in Richtung B startender Körper wird nach B" abgelenkt, während sich die Punkte A nach A' und B nach B' bewegt haben.

er das Gebiet tieferen Luftdrucks schließlich »links liegenlassen« müßte. Ohne diese paradox erscheinende Eigenart atmosphärischer Strömungen gäbe es aber kein Wetter.

c) Die Reibungskraft. Ihre Wirkung geht von der Rauhigkeit der Erdoberfläche aus und ist auf die »Reibungsschicht« begrenzt, die eine Mächtigkeit von 500 bis 1000 m hat. Sie übt eine bremsende Wirkung auf die Luftströmung aus, die von der Gradientkraft überwunden werden muß. Dadurch erhält die Luft eine Strömungskomponente zum Gebiet tieferen Drucks. Dieses könnte sie wegen der Ablenkung durch die Corioliskraft sonst nicht erreichen (s. o.). Erst durch die Reibungskraft wird somit der Ausgleich der Luftdruckunterschiede möglich.

Windsysteme

Die Sonneneinstrahlung, die Erddrehung und die Bodenreibung der Luft erzeugen somit die vielfältigen atmosphärischen Strömungen, wie wir sie schließlich im Wind, Sturm oder Orkan erleben. Die Windströmungen folgen Kreisläufen unterschiedlichster Ausdehnung von wenigen Kilometern bis hin zu erdumspannenden Zirkulationssystemen. Zu den kleinsten Windkreisläufen zählt z. B. der tägliche Wechsel zwischen Land- und Seewind an den Küsten im Sommerhalbjahr oder das Berg-Tal-Windsystem in Gebirgsländern.

Die planetarische Zirkulation: Aus der subtropischen Hochdruckzone fließt Warmluft sowohl nach Süden (Nordostpassat), als auch nach Norden in die gemäßigten Breiten. Hier trifft sie auf die Kaltluft aus dem polaren Hoch, wobei die Tiefs und Hochs der Westwindzone entstehen. Die Buchstaben am rechten Rand beziehen sich auf die Klimazonen (s. S. 35).

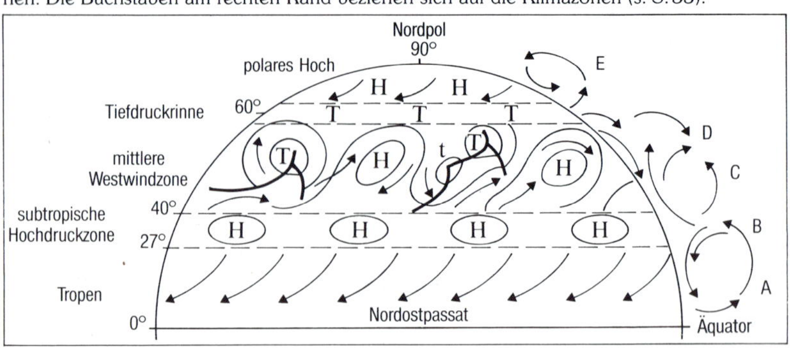

Die international gebräuchlichen Wettersymbole (Auswahl).

	Wetter, Wind		Wolken
=	Dunst		*hohe Wolken*
≡	Nebel	⇀	Cirrus (Ci)
≡	Nebel, Himmel erkennbar	∠	Cirrostratus (Cs)
,	Nieseln, leicht	⁄	Cirrocumulus (Cc)
, ,	Nieseln, mäßig		*mittelhohe Wolken*
,',	Nieseln, stark	∠	Altostratus (As)
•	Regen, leicht	ᴗᴗ	Altocumulus (Ac)
••	Regen, mäßig	ℿ	Ac castellanus (Ac cast)
∴	Regen, stark		*tiefe Wolken*
*	Schnee, leicht	⌓	Cumulus (Cu)
**	Schnee, mäßig		Cu congestus (Cu con)
***	Schnee, stark	⌛	Cumulonimbus (Cb)
∇	Regenschauer	~	Stratocumulus (Sc)
Ꞧ	Gewitter	—	Stratus (St)
<	Wetterleuchten		*Bedeckungsgrad*
	Warmfront	○	wolkenlos
▲▲	Kaltfront	◔	heiter (1/8 – 3/8)
	Okklusion	◑	wolkig (4/8 – 5/8)
	Nordostwind, 15 Knoten	◕	stark bewölkt (6/8 – 7/8)
	Südwind, 10 Knoten, usw.	●	bedeckt (8/8)

Auch der Gebirgsföhn und die kalten Fallwinde am Rande sich stark abkühlender Hochländer, z. B. in polaren Regionen, zählen zu den lokalen oder regionalen Windsystemen. Sie haben häufig besondere Namen erhalten: Allgemein ist der Alpenföhn bekannt, dem der Chinook in Nordamerika entspricht. Der algerische Samun und der ägyptische Chamsin sind heiße Winde aus der Sahara. Bekannt ist auch der Scirocco Italiens oder die kalte Bora an der dalmatinischen Küste. Größere Windsysteme sind die Monsune Asiens, die durch die sommerliche Erwärmung der Kontinente und deren Abkühlung im Winter gegenüber der ausgeglichenen temperierten angrenzenden Meeresoberfläche entstehen. In der planetarischen Zirkulation findet schließlich der erdumspannende Ausgleich zwischen den Kaltluftmassen der polaren Gebiete und der äquatorialen Warmluft statt (s. Grafik links und S. 35).

Weitere Wetterelemente

Zur genaueren Beschreibung des Wetters genügt die Angabe von Temperatur, Feuchte, Luftdruck und Wind noch nicht. In den Bodenwetterkarten, die häufig in den Tageszeitungen veröffentlicht werden, sind eine Reihe von Symbolen für die Wetterbeobachtungen an den einzelnen Stationen zu finden. Amtlich und international sind etwa 140 genormte Symbole für die Wettererscheinungen üblich. Sie beziehen sich auf Art, Dauer und Stärke von Niederschlägen, Gewitter usw. bis hin zu Staubsturm oder Staubtrübung und werden nach dem sogenannten Stationsmodell (s. S. 36) in die Wetterkarten eingetragen. Eine Auswahl der wichtigsten Wettersymbole ist in der Tabelle oben zusammengefaßt, die darin mit aufgenommenen Wolkenarten werden im Kapitel »Wolkenbilder« beschrieben.

Vom Stockwerksaufbau der Atmosphäre

Die irdische Lufthülle ist keine einheitliche Masse, in der vielleicht Wolken unterschiedlicher Temperatur oder Feuchte zirkulieren. Die Lufthülle oder Atmosphäre der Erde (griechisch »atmós« = Dunst, Dampf und »sphaira« = Kugel) ist vertikal streng gegliedert. Ihre einzelnen Stockwerke oder Schichten sind wie bei einem Organsystem eines Lebewesens geordnet und genau aufeinander abgestimmt. Ohne ihr exaktes Zusammenspiel wäre kein Leben auf der Erde möglich. Viele Einzelheiten daraus sind noch unbekannt, die Diskussionen der Fachleute über das Ozonloch oder die zu erwartenden Klimaänderungen belegen unser beschränktes Wissen hierüber.

Eine feste obere Grenze der Atmosphäre gibt es nicht, sie ist fließend und geht allmählich in den interplanetarischen Raum über. In 500 km Höhe ist die Dichte der Luft bereits so gering, daß hier der Beginn der Exosphäre, d.h. des Raumes außerhalb der Atmosphäre angesetzt wurde. Unser ständig wechselndes Wetter spielt sich jedoch nur in dem untersten Stockwerk, in der Troposphäre ab (griechisch »tropé« = Wendung, Umkehr, Veränderung). Sie reicht über den Polen nur bis etwa 6 km, in den Tropen jedoch bis 17 km Höhe. In den gemäßigten Breiten ist sie 8–10 km hoch (s. Grafik). Daraus geht schon hervor, daß sie um so mächtiger ist, je wärmer sie ist. Deshalb hängt ihre Höhe auch von Jahreszeit und Wetter ab. Sie enthält bereits ¾ der gesamten Luftmasse und fast den gesamten Wasserdampfgehalt der Atmosphäre. Deshalb bleiben auch alle Wettererscheinungen, die mit dem Wasserdampf (Wassergas) der Luft in Verbindung stehen, wie z.B. Wolken und Niederschlagsbildung, auf die Troposphäre beschränkt. Ihre mittlere vertikale Temperaturabnahme von 0.65 °C pro 100 m (s. auch im Kapitel Luftdruck) schwankt sehr stark mit dem Wetter.

Die Obergrenze der Troposphäre wird von der Tropopause (griechisch »paúein« = aufhören, beendigen) gebildet. Hier werden je nach Höhe Temperaturen zwischen −40 und −80 °C erreicht. Die »Wetterschicht« der Atmosphäre umfaßt allerdings nur eine sehr dünne »Haut« um die Erdoberfläche: Auf einem Globus von 32 cm Durchmesser hätte die Troposphäre nur eine Dicke von 0,3 bis 0,5 mm!

Im unteren Teil der nun folgenden Stratosphäre (lateinisch »stratum« = Decke) ändert sich die Temperatur mit der Höhe kaum. Im oberen Teil, wo zwischen etwa 20 und 50 km die Ozonschicht liegt, nimmt sie jedoch wegen der hier stattfindenden Absorption eines Teils der Ultraviolettstrahlung der Sonne durch den Sauerstoff der Luft beträchtlich zu. Die damit verbundene Energiezufuhr bewirkt einen Temperaturanstieg bis etwa 0 °C an der Obergrenze der Stratosphäre in ca. 50 km Höhe, die mit der Obergrenze der Ozonschicht zusammenfällt und Stratopause genannt wird. Neben dem Schutz vor der z.T. lebensfeindlichen UV-Strahlung sorgt die Stratosphäre für den Ausgleich der wetterbedingten Luftdruckgegensätze an der Obergrenze der Troposphäre. Dies gelingt ihr dadurch, daß z.B. eine Erwärmung der Troposphäre mit

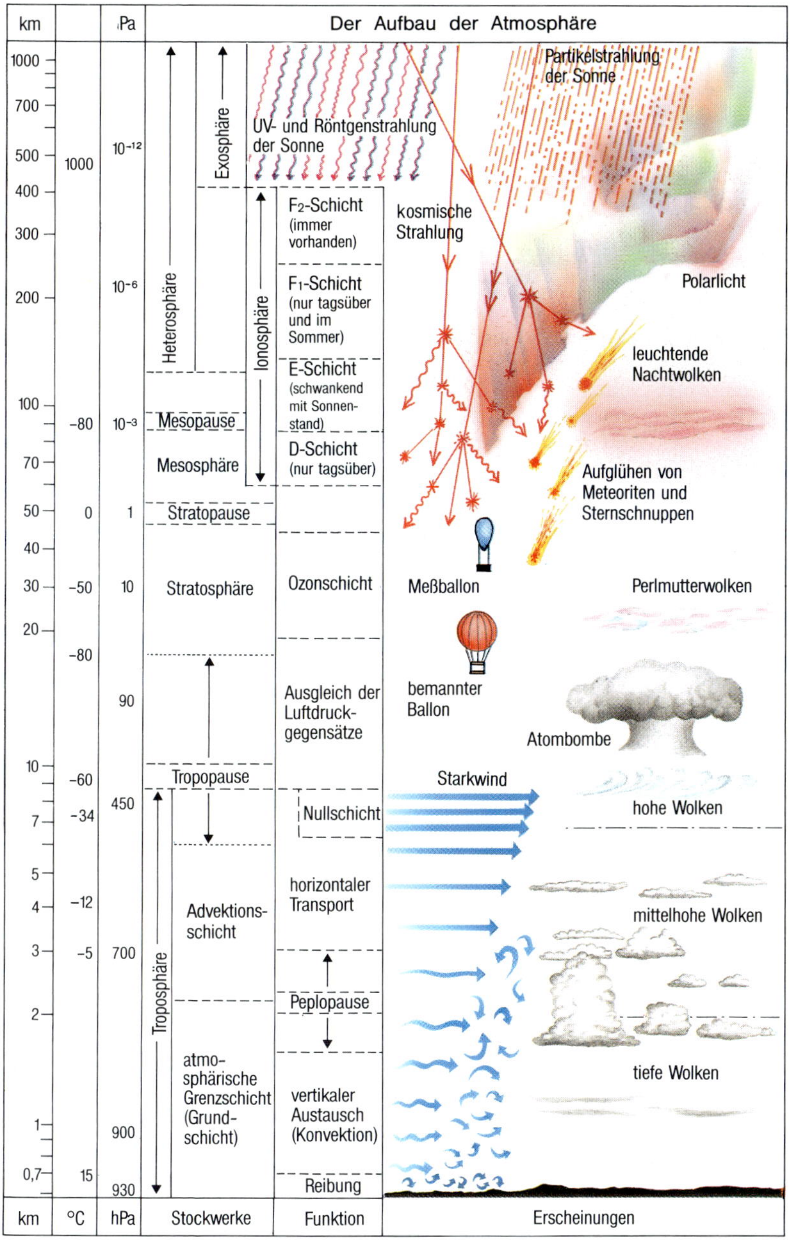
Der Aufbau der Atmosphäre
km
hPa
1000
700
500
400
300
200
100
70
50
40
30
20
10
7
5
4
3
2
1
0,7
1000
-80
0
-50
-80
-60
-34
-12
-5
15
10-12
10-6
10-3
1
10
90
450
700
900
930
Heterosphäre
Exosphäre
Ionosphäre
F2-Schicht (immer vorhanden)
F1-Schicht (nur tagsüber und im Sommer)
E-Schicht (schwankend mit Sonnenstand)
D-Schicht (nur tagsüber)
Mesopause
Mesosphäre
Stratopause
Stratosphäre
Ozonschicht
Ausgleich der Luftdruckgegensätze
Tropopause
Nullschicht
Troposphäre
Advektionsschicht
horizontaler Transport
Peplopause
atmosphärische Grenzschicht (Grundschicht)
vertikaler Austausch (Konvektion)
Reibung
UV- und Röntgenstrahlung der Sonne
Partikelstrahlung der Sonne
kosmische Strahlung
Polarlicht
leuchtende Nachtwolken
Aufglühen von Meteoriten und Sternschnuppen
Meßballon
Perlmutterwolken
bemannter Ballon
Atombombe
Starkwind
hohe Wolken
mittelhohe Wolken
tiefe Wolken
km
°C
hPa
Stockwerke
Funktion
Erscheinungen

einer Abkühlung der unteren Stratosphäre gekoppelt ist und umgekehrt.

Ähnliches geschieht auch innerhalb der Troposphäre, auch sie ist mehrfach gegliedert. In ihrem untersten Stockwerk, der atmosphärischen Grenzschicht oder Grundschicht, entsteht durch die Rauhigkeit der Erdoberfläche die ungeordnete Turbulenz der Windströmung, die den vertikalen Austausch von Wärme, Wasserdampf und Bewegungsenergie zwischen Erdboden und Atmosphäre ermöglicht. Außerdem erhält hier die Luftströmung durch die bremsende Wirkung der bodennahen Reibungsschicht eine Komponente zum tieferen Druck (s. im Kapitel Wind!). Der Reibungseinfluß nimmt jedoch bis 100 oder 200 m über dem Boden bereits so erheblich ab, daß sich nun die durch die Turbulenz angeregte Konvektion verstärkt ausbilden kann und wegen des fortwährend von unten zugeführten Wasserdampfes zu der Wolkenvielfalt im Konvektionsraum führt.

Seine Obergrenze, die Peplopause (griechisch »péplos« = Mantel) wird von einer Inversion oder Wolkenschicht gebildet und liegt zwischen 1500 und 3000 m. Die Advektionsschicht darüber ist bereits nahezu frei vom Einfluß der Bodenreibung, so daß sich hier der horizontale Transport (Advektion) der Luftmassen bei zunehmender Geschwindigkeit ungehindert entfalten kann. Die höchsten Windgeschwindigkeiten mit nicht selten über 250 km/h im sogenannten Strahlstrom (Starkwind) kommen in der »Nullschicht« etwas unterhalb der Tropopause vor. Dabei tritt eine Strömungskomponente zum höheren Druck auf, wodurch Luftmassen entgegen der Schwerkraft in Gebiete höheren Luftdrucks transportiert werden. Mit diesem »Hochpumpen« arbeitet die Atmosphäre dem Einströmen der Luft in Gebiete tieferen Luftdrucks innerhalb der atmosphärischen Grenzschicht (Reibungseinfluß!) entgegen und gleicht dadurch die Massenverluste der Hochdruckgebiete zum großen Teil wieder aus.

Mit der Stratopause endet im wesentlichen das Arbeitsgebiet der Meteorologie. Als hell glänzender oder farbig irisierender Abschluß können die Perlmutterwolken gelten, die in 20 bis 30 km Höhe vorkommen und aus Eiskristallen bestehen. Wegen des geringen Luftdrucks von nur wenigen hPa dringen auch Spezialballonsonden, z. B. für Ozonmessungen, nicht wesentlich höher vor. In der oberen Mesosphäre (griechisch »méson« = Mitte) treten als allerletzte meteorologische Erscheinung mitunter noch die »leuchtenden Nachtwolken« auf. Sie bestehen vermutlich aus kleinsten Eiskügelchen, die sich bei den hier herrschenden Temperaturen um −80 °C durch Sublimation des restlichen Wasserdampfes an terrestrischen Staubteilchen gerade noch bilden können.

Bis etwa 110 km Höhe bleibt die Zusammensetzung der Luft konstant (s. Tabelle). Unter der Wirkung der

Zusammensetzung der (trockenen) Luft in Volumenprozent.

Stickstoff	78
Sauerstoff	21
Argon	0.9
Kohlendioxid	0.03
Helium, Wasserstoff, Ozon und weitere Spurengase	0.07

Schwerkraft beginnt ab jetzt in der schon äußerst dünnen Luft die Entmischung ihrer Bestandteile.
In der Heterosphäre (griechisch »héteros« = andersartig, verschieden) nehmen die Anteile der leichten Gase laufend zu, bis an der Grenze zur Exosphäre nur noch das leichteste Gas, der Wasserstoff, übrigbleibt.
Im obersten Stockwerk der Atmosphäre, der Ionosphäre, tritt neben der Entmischung auch die Ionisation der Luftmoleküle zunehmend auf. Die Ursache liegt in der energiereichen UV- und Röntgenstrahlung der Sonne, aber auch ihre Partikelstrahlung, die das Polarlicht hervorruft, ist dabei von Bedeutung. Die dadurch in großer Anzahl entstehenden freien Elektronen und positiv geladenen Ionen bauen zwischen etwa 60 und 400 km Höhe elektrisch leitende Schichten mit unterschiedlichen physikalischen Eigenschaften auf, die vor allem die Ausbreitung von Radiowellen stark beeinflussen. Ihre wesentlichere Aufgabe ist jedoch, die absolut tödlichen Anteile der Sonnenstrahlung, ihre harte UV-und Röntgenstrahlung, von der »Biosphäre« im Parterre der Atmosphäre fernzuhalten.

Von Form und Gestalt der Wolken

Dem unendlich scheinenden Formenreichtum der Wolken liegen nur wenige physikalische Gesetze zugrunde (s. auch Kapitel Luftdruck):
1. Wird Luft bis zum Taupunkt abgekühlt, kondensiert der in ihr enthaltene Wasserdampf aus, sofern genügend Kondensationskerne (Staubpartikel, Salzkristalle usw.) vorhanden sind: Der vorher unsichtbare Wasserdampf wird zu sichtbaren Wassertröpfchen und verwandelt sich so in eine Wolke. Dabei wird die Kondensationswärme des Wassers frei und erwärmt die Luft wieder um einen gewissen Betrag.
Die Abkühlung der Luft erfolgt durch Hebung, bei der sie sich ausdehnt. Unter −12 °C gefrieren die zunächst unterkühlten Tröpfchen nach und nach zu Eiskristallen, die ursprünglich reine Wasserwolke wird zu einer Mischwolke und in größeren Höhen ab −35 °C zur reinen Eiswolke.
2. Kühlt sich ein aufsteigendes Luftpaket langsamer ab als die Temperaturabnahme der umgebenden Luft beträgt, wird es immer wärmer und damit leichter als diese bleiben und seinen ursprünglichen Auftrieb behalten. Dieser wird noch verstärkt, wenn nach Erreichen des Taupunktes die Kondensationswärme frei wird: Die Luftschichtung ist labil.
3. Ist die Temperaturabnahme der Umgebungsluft geringer als im aufsteigenden Luftpaket, bleibt dieses immer kälter als seine Umgebung, sein Aufstieg wird gebremst oder sogar rückläufig: Die Luftschichtung ist stabil.
4. Ist die Temperaturabnahme im aufsteigenden Luftpaket und in der Umgebungsluft gleich, entsteht kein Einfluß auf seine Vertikalbewegung, es behält die einmal eingenommene Lage bei: Die Schichtung ist indifferent. Indifferenz, d. h. ein Gleichgewicht der übereinander lagernden Luftmassen ist immer das Ergebnis genügender vertikaler Durchmischung.
5. Sinkt ein Luftpaket ab, muß es sich durch die dabei wirksame Kompression erwärmen. Seine relative

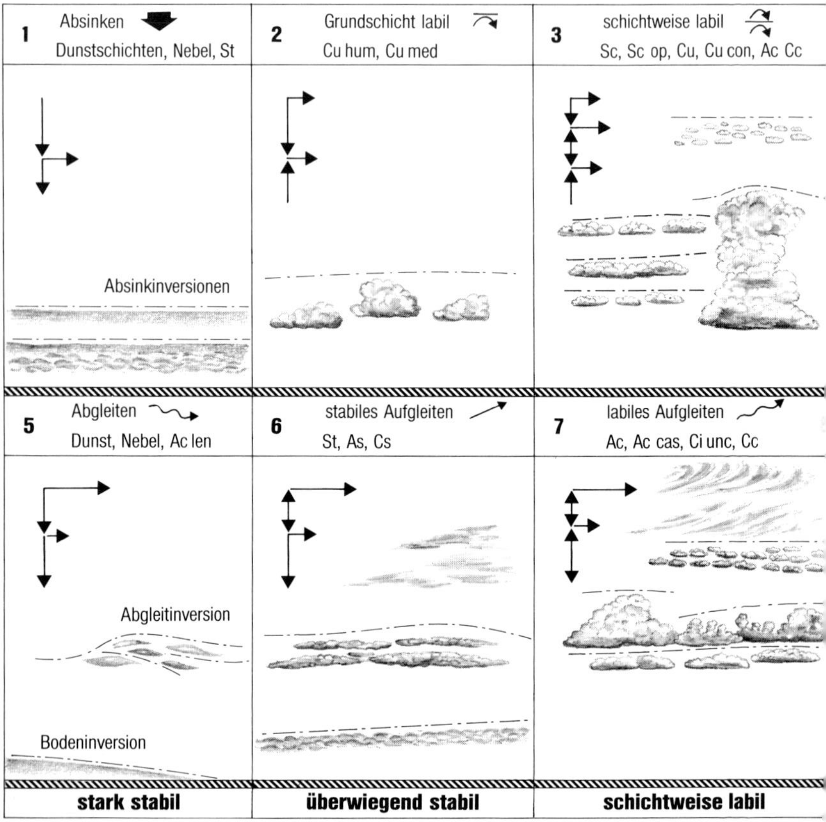

Skizzen zur Gestaltbildung der Wolken. Die in der Kopfzeile verwendeten Wettersymbole werden auf S. 25 erklärt, die Abkürzungen für die Wolken auf S. 73 und S. 74; l. A. = labiles Aufgleiten, h. T. = hochreichende Turbulenz; alle weiteren Erklärungen in Text.

Feuchte nimmt dabei ab, es wird trockener, sofern kein Wasserdampf zugeführt wird (Taupunkt und absolute Feuchte bleiben gleich!). Waren in dem Luftpaket Wassertröpfchen oder Eiskristalle enthalten, werden sie nun verdunsten und unsichtbar: Wolken, Nebel oder Niederschlag lösen sich auf. Bei starkem Absinken bilden sich Inversionen (Temperaturumkehrschichten), die wegen ihrer großen Stabilität wie Sperrschichten für den vertikalen Luftaustausch wirken.

Diesen fünf Gesetzen der Physik gehorchen das Wasser und sein »Gas«, der Wasserdampf, beim Entstehen und Vergehen der Wolken. Die Atmosphäre arbeitet damit wie ein Bildhauer mit dem Material, aus

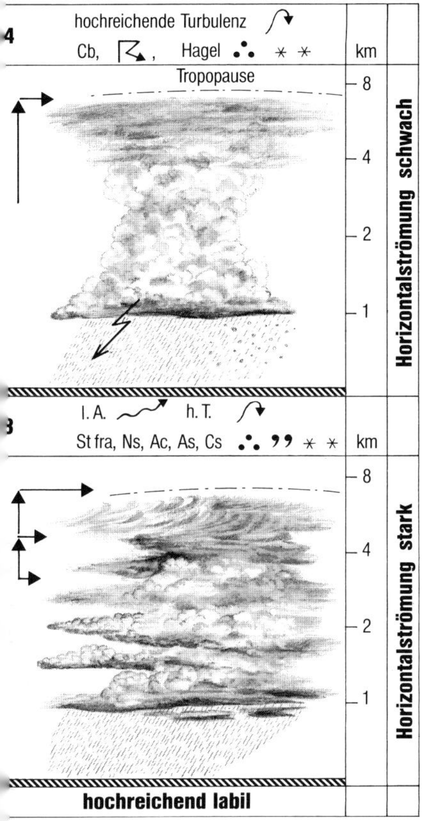

dem er eine Plastik schaffen will. In einer Wolke am Himmel offenbart sich eben nicht nur das gestaltlose Material Wasser oder Wasserdampf, das jede Form annehmen kann, sondern auch eine typische Wolkengestalt, die einer ganz bestimmten Tätigkeit der Atmosphäre entsprungen ist.

In den acht Skizzen oben soll die Gestaltbildung der Wolken etwas veranschaulicht werden. Dargestellt ist jeweils die Troposphäre vom Boden bis 8 km Höhe. Die Pfeile in den Bildern symbolisieren den Schichtungszustand der Luft. Ein aufwärtsgerichteter bedeutet Labilisierung durch Hebung, ein abwärtsgerichteter Stabilität durch Absinken und ein waagrechter bedeutet horizontalen Transport von Luft. Die Länge der Pfeile soll die Stärke der Labilisierung oder Stabilisierung bzw. die Stärke des horizontalen Tansports symbolisieren. Schichten mit erhöhter Stabilität (Inversionen) oder Labilität sind dadurch gekennzeichnet, daß Pfeile an einem Punkt zusammentreffen oder voneinander wegstreben.

In der Bildfolge sind jeweils oben und unten vier Stadien der Luftschichtung von stark stabil bis hochreichend labil dargestellt. In den Skizzen 1 bis 4 sind vor allem die Konvektionswolken (Quell- oder Haufenwolken) vertreten, die sich bevorzugt bei schwacher Horizontalströmung ausbilden. Die Gewitterwolken (Cb, Skizze 4) erreichen unter diesen Voraussetzungen die größte Höhe aller Wolkenarten. Die Skizzen 5 bis 8 enthalten dagegen bei stärkerem oder in der Höhe stark zunehmendem Wind im wesentlichen die Schichtwolken. Ihre Vielfalt ist z. B. in Skizze 7 besonders groß, da sich hier – ähnlich wie in Skizze 3 – mehrere Wolkenstockweke übereinander aufbauen können.

Die »Tätigkeit« der Atmosphäre ist jeweils oben in den Skizzen mit besonderen Pfeilsymbolen für die oft sehr vielschichtigen Abläufe der atmosphärischen Dynamik angedeutet, wie z. B. das Absinken (Skizze 1) oder das labile Aufgleiten (Skizze 7). Diese Wettervorgänge (WVG) werden im nächsten Kapitel näher erklärt.

Wetterdynamik

Hoch und Tief

Bis jetzt war vom Wetter noch nicht die Rede, sondern nur von einzelnen meteorologischen Elementen und einigen physikalischen Gesetzen. Aber erst das Zusammenspiel der meteorologischen Elemente läßt unser Wetter so entstehen, wie wir es täglich erleben. Wir können es an seinen Wolken allerdings nur dann ablesen, wenn wir wenigstens einige der wichtigsten Spielregeln der Atmosphäre verstehen, nach denen sie das Wetter zusammenbraut.
In dem Satellitenbild vom 17. April 1989 auf S. 34 offenbart sich z. B. bereits die ganze Vielfalt von Wolken und Wolkenstrukturen. Deutlich werden darin an den streifen- oder bänderförmigen Anordnungen von Wolkenfeldern die Windströmungen erkennbar. Die stark aufgelockerten und flockenförmigen Wolken vor der spanischen Halbinsel sind Haufenwolken oder Cumuli, vielleicht mit einigen Schauern, die sich bei zunehmend labiler Schichtung der über der warmen Meeresoberfläche südwärts fließenden Kaltluft ausbilden. Westlich vor Island liegt dagegen ein hoher und gleichmäßig ausgebildeter Cirrus-Schirm, der das stabile Aufgleiten der nach Norden vordringenden subtropischen Warmluft anzeigt. In der nebenstehenden Skizze sind nun diese Bewegungsformen der Luftmassen in einem Tief- und Hochdruckgebiet dargestellt. Die Pfeile im oberen Bild geben ihre Strömungsrichtung an, die Pfeilsymbole bei den Wolken im Vertikalschnitt (untere Bildhälfte) beziehen sich auf die Wettervorgänge (WVG) der Bilder 1 bis 8 auf S. 30/31 bzw. S. 43.
Beim *stabilen Aufgleiten* dringt in großer Höhe an der Tiefvorderseite subtropische Warmluft bei noch stabiler Schichtung nach Norden und Nordosten vor. Dabei gleitet sie über die vor ihr liegende etwas kältere Luft auf und labilisiert sich. Am Himmel erscheint zunächst eine hohe Schleierbewölkung (Ci, Ci unc, Cc), die das stabile Aufgleiten anzeigt. Während sich die Warmluft bis zum Boden durchsetzt, wird ihre Schichtung stark labil, so daß sich dichte Bewölkung und Niederschlag bilden kann. Es entsteht die typische Warmfrontbewölkung bei *labilem Aufgleiten* mit dichtem Cs, darunter Ac-, As-Schichten, die zu einem hochreichenden Ns zusammenwachsen. Gleichzeitig setzt Niederschlag ein, der gleichmäßig fällt und länger anhalten kann (Landregen; Niederschlagsgebiet im oberen Teil der Grafik grün schraffiert).
Nach dem Warmfrontdurchgang endet der Niederschlag, es heitert auf

oder die Bewölkung lockert zumindest schichtweise auf. Im Warmsektor überwiegt eine stabile oder indifferente Luftschichtung, so daß hier *Abgleiten* oder nur *schichtweise labiles Aufgleiten* mit den entsprechenden Schichtwolken vorherrschen.
Durch die rasch nachfolgende Kaltluft wird die feuchtwarme Luft des Warmsektors angehoben und im Bereich der Kaltfront stark labilisiert. Dies führt besonders in der warmen Jahreszeit zu *hochreichenden labilen Umlagerungen (Turbulenz)* mit dichter Quellbewölkung, schauerartigem Niederschlag und Gewittern, deren hoher Wolkenschirm bis in Tropopausenhöhe reicht. In der kalten Jahreszeit dagegen hat die Bewölkung wegen der größeren Stabilität der Luftschichtung meist schichtförmigen Charakter wie an der Warmfront. Der Kaltfrontdurchgang ist von einem markanten Luftdruckanstieg begleitet, in dem nicht selten eine »Gewitter-« oder »Böennase« er-

Die »Idealzyklone«. Zusammenfassende Darstellung der Druckverteilung und Luftströmungen (oben) und der Vorgänge der Wetterdynamik (unten) mit Wolken und Wetterelementen. Die senkrechte gestrichelte Linie markiert gleiche Punkte in Aufsicht (oben) und »Schnitt« (unten); Erklärung der Symbole und Abkürzungen auf S. 25 und S. 73/74; vgl. auch den Text.

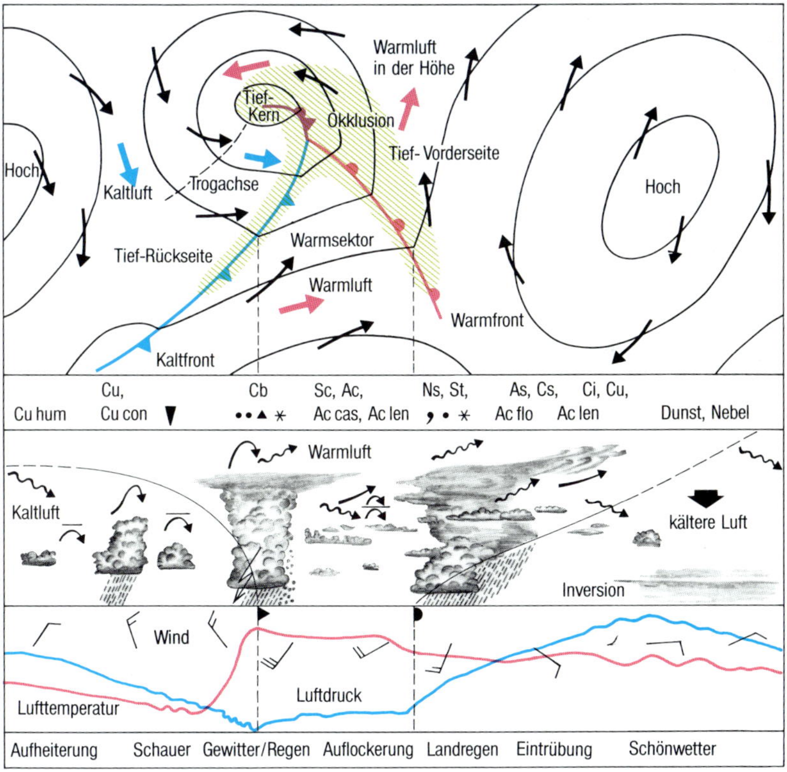

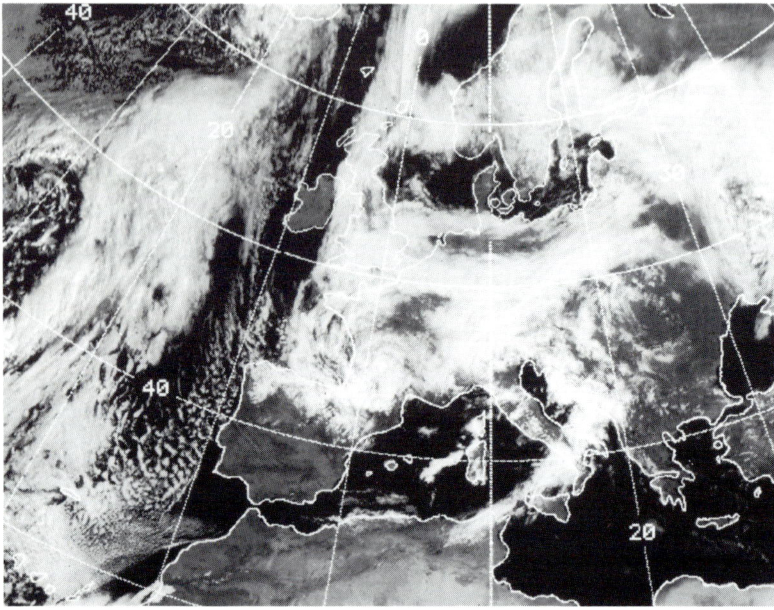

Satellitenbild vom 17. April 1989.

scheint (verursacht durch die hereinbrechende Kaltluft).
Die »aktive« Kaltfront holt die trägere Warmfront ein und vereinigt sich mit ihr am Okklusionspunkt. Die Warmluft wird dabei besonders kräftig an- und vom Boden abgehoben, so daß entlang der Okklusion die schlechteste Wetterzone des Tiefs mit besonders dichter Bewölkung und den größten Niederschlagsmengen entsteht.
In der Kaltluft der Tiefrückseite klingt die Schauer- oder Gewittertätigkeit rasch ab, die Cumulus-Bewölkung lockert oder löst sich schnell auf, da in der Höhe Absinken einsetzt. Die *Labilität* bleibt auf die *Grundschicht* beschränkt und zeigt sich nur noch in einigen flachen Quellwolken an. Im Hochzentrum erreicht das *Absinken* seinen Höhepunkt: Die Wolken lösen sich völlig auf. In Bodennähe bilden sich jedoch die unbeliebten Absink-Inversionen, die den vertikalen Luftaustausch behindern und vor allem im Herbst zu den gefürchteten Nebel- und Smoglagen führen.
Auf S. 35 ist der Lebenslauf eines Tiefs dargestellt, wie es sich aus einer »Wellenstörung« an der Grenze zweier Luftmassen unterschiedlicher Temperatur entwickelt und nach dem Ausgleich der Temperaturunterschiede wieder auflöst.

Wetter – Witterung – Klima

Wetter ist der Zustand der Atmosphäre zu einem bestimmten Zeitpunkt und an einem bestimmten Ort, wie er aus dem Zusammenspiel der

meteorologischen Elemente entstanden ist. Im Unterschied dazu beschreibt die Witterung eines Ortes oder einer Region den durchschnittlichen oder auch vorherrschenden Charakter des Wetterablaufs während eines Zeitraums von einigen Tagen bis zu ganzen Jahreszeiten.
Man kann z.B. von der naßkalten Juliwitterung eines bestimmten Jahres in Nordwestdeutschland reden, wenn der gesamte Wetterablauf des Monats überwiegend von der Zufuhr kalter und feuchter Meeresluft aus dem Nordatlantik geprägt war.
Das Klima eines Ortes oder eines Landes wird dagegen durch die langjährige Zusammenfassung seiner Wetter- und Witterungsverhältnisse bestimmt. Es muß immer durch Mittelwerte der meteorologischen Elemente und die Häufigkeit und Andauer besonderer Ereignisse wie Temperaturextrema, Nebeltage, mittlere Andauer der winterlichen Schneedecke usw. aus einem genügend langen Zeitraum (allgemein 30 Jahre) beschrieben werden.

Von den Polen bis zum Äquator unterscheidet man fünf große Klimazonen (vgl. Grafik S. 24).

A: Tropisches Klima ohne kalte Jahreszeit (Regenwälder, Savannen);
B: Trockenklima (Steppen, Wüsten);
C: Warm-gemäßigtes und genügend feuchtes Klima (z.B. Mittelmeerländer, Mitteleuropa);
D: Kühl-gemäßigtes, feuchtes Klima (z.B. Nordeuropa);
E: Polarklima (Tundren jenseits der Baumgrenze, ewiger Frost).

Diese Klimazonen entstehen durch die großen planetarischen Zirkulationssysteme, die den Ausgleich zwischen den polaren Kaltluftmassen und der Warmluft aus den tropischen Breiten bewirken.
Die Zirkulation in den tropischen und subtropischen Gebieten zeichnet sich durch eine große Stabilität und Gleichmäßigkeit aus. Hier befinden sich die nahezu ortsfesten subtropischen Hochdruckgebiete, z.B. das allgemein bekannte »Azorenhoch« und die Zonen der Passate und Monsune.

Lebenslauf eines Tiefs (vgl. Text).

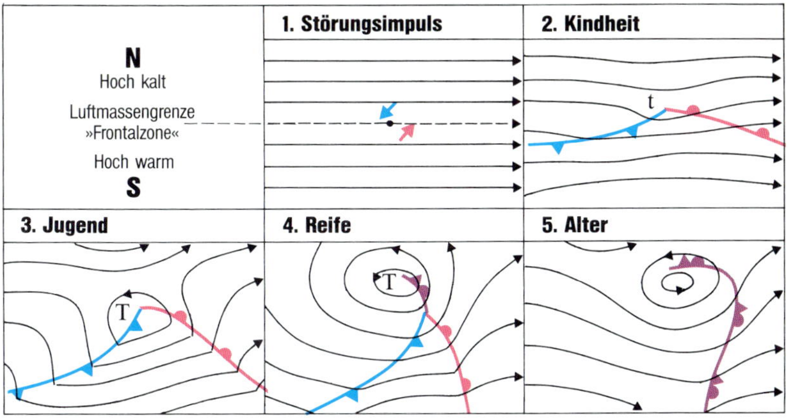

In den mittleren Breiten herrschen westliche Winde vor, in denen die Tiefdruckwirbel mit den Hochdruckzellen ostwärts wandern. Wie eine riesige Wärmekraftmaschine sind sie hier für den Austausch und Ausgleich zwischen den kalten und warmen Luftmassen der polaren und tropischen Breiten zuständig. Der Temperaturgegensatz zwischen den Polen und der Äquatorzone ist gleichsam der von der Sonne geschaffene und erhaltene thermische Energievorrat, aus dem die Tiefs und Hochs der gemäßigten Breiten leben, indem sie ihn laufend in die Bewegungsenergie ihrer Dynamik umwandeln.

Die Wetterkarte

Aus Zeitungen und vom Fernsehen sind Wetterkarten allgemein bekannt geworden. Sie können ein gutes Hilfsmittel für die eigene Wettervorhersage sein, wenn man sie richtig lesen und deuten kann. Die Wetter-

Satellitenbild vom 17. Mai 1985 mit zugehörender Boden- (unten links) und Höhenwetterkarte (unten rechts); weitere Erklärungen im Text. ▶

beobachtungen werden darin nach einem für alle Länder verbindlichen Schema, dem Stationsmodell (s. unten) eingetragen. Da die veröffentlichten Karten durch ein vollständiges Stationsmodell überlastet würden, zeichnet man in den Zeitungswetterkarten nur ein vereinfachtes Schema mit den wichtigsten Wetterelementen (Temperatur, Wind, Bedeckung und Wettersymbol) ein, in TV-Wetterkarten fehlen sie ganz.
Etwa 12 Stunden nach den Beobachtungsterminen um 00, 06, 12 und 18 Uhr (UTC-Zeit) sind die großen amtlichen Bodenwetterkarten fertiggestellt und können an die öffentlichen Medien abgegeben werden. In den Zeitungen werden allerdings meist Vorhersagekarten des Bodenwetters veröffentlicht. Sie enthalten keine Beobachtungswerte, sondern nur die Lage von Fronten

Das international gebräuchliche Stationsmodell für die Eintragungen in der Wetterkarte.

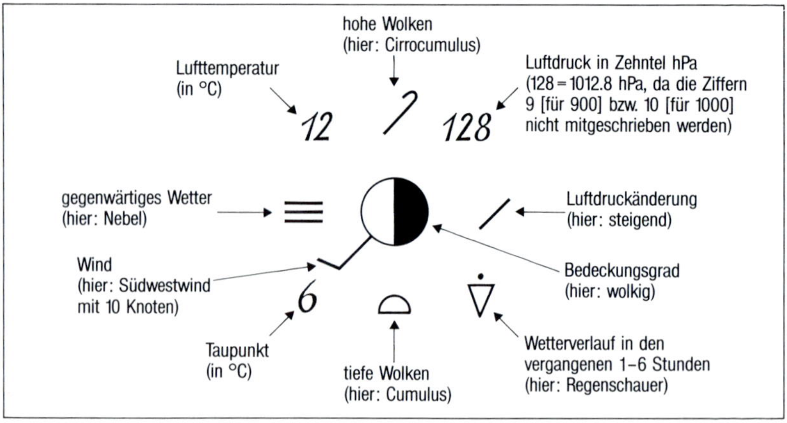

.HELSINKI
.OSLO
LONDON.
.BERLIN
.FRANKFURT
.PARIS
.WIEN
MUENCHEN.
GENF
ROM

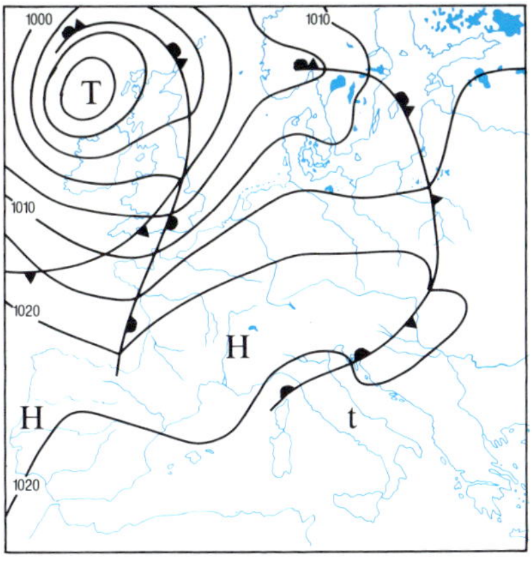
1000
1010
T
1010
1020
H
H
t
1020

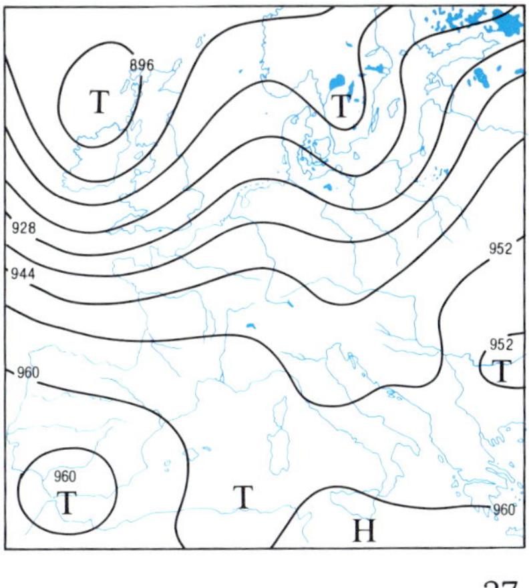
896
T
T
928
944
952
952
T
960
960
T
T
H
960

mit den Isobaren der vorhergesagten Hochs und Tiefs. Größe und Maßstab der Wetterkarten hängen von dem Zweck ab, für den sie verwendet werden sollen. Für den Gebrauch in Deutschland umfassen sie meist das Gebiet Europas mit östlichem Atlantik sowie den Mittelmeerraum einschließlich Nordafrika.
Das eindrucksvolle Satellitenfoto eines Tiefdruckwirbels vom 17.5. 85 (s. S. 37) zeigt besser als jede Karte den Wetterablauf des Tages: Das Zentrum eines Tiefs liegt gerade im Seegebiet zwischen Irland und Island. Aus der zugehörigen Boden- und Höhenwetterkarte (darunter) kann man am Verlauf der Isobaren bzw. Höhenschichtlinien die Windrichtungen ersehen. Ohne viel Phantasie sind im Foto die Fronten zu erkennen, auch der Isobarenverlauf des Tiefs ist leicht nachzuvollziehen, wie die Bodenwetterkarte zeigt.
Die aufgelockerte Quellbewölkung in der Wolkenspirale markiert die einfließende Kaltluft, während die Schichtbewölkung mit dem Cirrus an der Tiefvorderseite bis zum Tiefkern heller und faserig erscheinen. Das spiralige Wolkenband zeigt deutlich den Verlauf der Okklusion und der Kaltfront. Die Warmfront mit der aufgleitenden Warmluft ist an dem nordwärts ausgreifenden Wolkenschirm zu erkennen.
Ein unterbrochenes Wolkenband erstreckt sich von Skandinavien über Osteuropa bis zu den Ostalpen. Es hängt mit den Fronten eines alternden Tiefs zusammen, dessen Zentrum an der norwegischen Küste auszumachen ist. Die hellen Flecken östlich davon und über den Ostalpen deuten auf Gewitterwolken mit weit ausladenden Amboßformen.

Wettereinflüsse auf den Menschen

Ebenso alt wie die Wissenschaft vom Wetter ist auch das Wissen um seinen Einfluß auf die Gesundheit und die Krankheiten des Menschen. Die Erforschung dieser Zusammenhänge ist Aufgabe der Medizinmeteorologie und der Biometeorologie. Schon Hippokrates hat nicht nur die Auswirkungen der verschiedenen Wettervorgänge auf den Verlauf von Krankheiten eingehend beschrieben, sondern auch versucht, die Wetterabhängigkeit des menschlichen Organismus medizinisch zu erklären.
In unserem Jahrhundert sind vor allem in Deutschland viele Einzelheiten über die »biotropen« Wetterlagen (= Wetterlagen, denen bestimmte Wirkungen auf Krankheit und Befinden des Menschen statistisch zugeordnet werden können, s. auch S. 56) gefunden worden. Wie und mit welchen besonderen Faktoren das Wetter auf den Organismus einwirkt, ist dagegen erst wenig bekannt. Umfragen haben aber gezeigt, daß sich über die Hälfte der Bevölkerung wegen wetterabhängiger Befindensstörungen, wie Kopfschmerz, depressive Stimmung, Schlafstörungen usw., als »wetterfühlig« bezeichnet.
Die Wetterfühligkeit kann sich allerdings auch zu einer »Wetterempfindlichkeit« steigern, wovon aber wesentlich weniger Personen betroffen sind. Hier muß von einem Leiden mit echtem Krankheitswert gesprochen werden. Es tritt vor allem bei Menschen auf, die auf Grund einer Vorerkrankung unter den Wettereinflüssen stark und immer wieder zu leiden haben, z. B. unter starken Nar-

ben- oder Amputationsschmerzen, unter Atemnot bei Angina Pectoris oder unter den nicht selten vom Wetter ausgelösten epileptischen Anfällen. Die Anzahl der Wetterempfindlichen dürfte allein in Deutschland immerhin bei mehreren hunderttausend liegen!
Es muß aber betont werden, daß es keine eigene Wetterkrankheit gibt. Das Wetter selbst macht nicht krank! Der »Wetterstreß« ist allerdings als eine Art Gesundheitstest zu verstehen. Reagiert der Organismus »allergisch« darauf, sollte dies der Hinweis auf eine Schwachstelle im Körper sein, die man nicht allzulange übergehen sollte (siehe auch S. 56).
Die Wetterfaktoren, die den Organismus beeinflussen und ihn zu Reaktionen bzw. Gegenregulationen veranlassen, werden in vier Wirkungskomplexen zusammengefaßt.

Der photoaktinische Wirkungskomplex
Er umfaßt die Strahlung der Sonne mit ihren drei biologisch wirksamen Anteilen, der Ultraviolettstrahlung (UV), dem sichtbaren Licht und der Wärme- oder Infrarotstrahlung (IR). Der photoaktinische Wirkungskomplex kann über den Lichtsinn (Auge) und das Hautorgan in verschiedener Weise wirksam werden. Als ein Zeitgeber für den biologischen Tages- und Jahresrhythmus steuert das Sonnenlicht wichtige Funktionsabläufe im Organismus, während das UV für die Bräunung und Rötung der Haut verantwortlich ist. Neben ihrer unmittelbaren Wärmewirkung werden der IR-Strahlung in Verbindung mit dem UV-Anteil der Sonnenstrahlung weitere biologisch günstige, ja lebenswichtige Eigenschaften zugeschrieben, da sie u. a. auch in den Hormonhaushalt des Körpers regulierend eingreifen kann.

Der thermische Wirkungskomplex
Er enthält alle meteorologischen Faktoren, die Einfluß auf die Wärmeregulation des Organismus nehmen, indem sie ihm Wärme zuführen oder entziehen. Neben der bereits erwähnten Sonnenstrahlung sind es die Lufttemperatur, die IR-Strahlung der Umgebungsoberflächen, der Wind und die Luftfeuchtigkeit. Da für das Wohlbefinden eine Körpertemperatur von 37 °C Voraussetzung ist, muß bei einer Änderung des thermischen Wirkungskomplexes der Organismus zum Ausgleich nachregulieren. Gelingt ihm dies ohne Anstrengung, befindet sich der Mensch im Zustand der »thermischen Behaglichkeit«. Bei hoher Lufttemperatur und Wärmestrahlung kann jedoch im Körper ein Wärmestau entstehen, der zu einer Belastung wird: Der Organismus will sich ihm durch Schwitzen entziehen. Herrscht zusätzlich noch hohe Luftfeuchtigkeit, wird die Situation als besonders unangenehm, als »schwül«, empfunden. Schwüle entsteht schon bei 20 °C Lufttemperatur, wenn die relative Luftfeuchtigkeit 75% beträgt.

Der luftchemische (lufthygienische) Wirkungskomplex
Als Faktoren werden hier vor allem die künstlichen Beimengungen der Luft, seien sie fest, flüssig oder gasförmig, zusammengefaßt. Sie stellen meist eine Belastung oder Schädigung für Atmung und Haut dar. Auch natürliche Faktoren, wie Staub oder vor allem Blütenpollen, die z. B.

den Heuschnupfen auslösen können, zählen dazu.
Es gibt auch günstige und therapeutisch nutzbare Spurenstoffe, z. B. den Jod- oder Salzgehalt der Seeluft. Im Gebirge hat die Abnahme des Sauerstoffpartialdrucks mit steigender Höhe eine anregende und günstige Wirkung auf den Organismus, durch die vermehrte Produktion von roten Blutkörperchen und eine Steigerung der Tätigkeit von Herz und Atmung.

Der neurotrope Wirkungskomplex

Zu ihm werden die Vorgänge der atmosphärischen Dynamik gerechnet. Die Bezeichnung »neurotrop« entstand aus der Vorstellung, daß er über das vegetative (d. h. vom Willen nicht beeinflußbare) Nervensystem auf den Organismus einwirkt.
Als ein besonders wichtiger Faktor gilt hier die elektromagnetische Impulsstrahlung der Atmosphäre (Sferics). Das Wetter muß allerdings als ein »Akkord« vieler meteorologischer Elemente aufgefaßt werden, die in der unterschiedlichsten Weise zusammenspielend auf den Organismus einwirken.
Für medizinmeteorologische Untersuchungen muß deshalb das Wetter in geeigneter Weise unterteilt werden, z. B. nach aufeinanderfolgenden Phasen (s. folgendes Kapitel). So kann man die einzelnen Abschnitte mit dem Verlauf von Krankheiten, Befindensstörungen usw. statistisch vergleichen, um herauszufinden, bei welchen der Wetterabschnitte besonders viele oder wenige der Erkrankungen, Unfälle, Herzinfarkte, usw. aufgetreten sind. Die Tabelle rechts zeigt eine kleine Auswahl von Ergebnissen dieser Untersuchungen.

Der Einfluß des Wetters auf Krankheiten (Auswahl)

Wetterphase	2	3	4	5	6	1
Erkältungen, Grippe	○			○		
Migräne		○	○			
Reizbarkeit		●		○		
Blutungen nach Operation		●		○		
Schlafstörungen		●		●	○	
Befindensstörungen		●		●		○
Thrombose			●	○		
Unfallbereitschaft			●	●	○	
Embolie			●	●	○	
Kreislaufkollaps		○		●		
Entzündungen			○	●		
Herzinfarkt		○	●	●	○	
Reaktionszeitverlängerung				●	○	
Amputationsschmerz			○	●	●	
Depression			○	●		
Epilepsie			○		●	
Schlaganfall					●	
Angina pectoris					●	
entzündlicher Gelenkrheumatismus				○	●	
Frühgeburt					○	
Steinkolik, Niere, Galle					●	○

● = deutlich vermehrt
○ = weniger deutlich vermehrt

Die Wetterphasen

In der Medizinmeteorologie hat das Schema der Wetterphasen, das an der ehemaligen medizinmeteorologischen Forschungsstelle in Bad Tölz entwickelt worden ist, große Erfolge gebracht. Mit seiner Hilfe – und mit Hilfe einiger weiterer Methoden der Wetterklassifikation – konnte in Deutschland in den 50er und 60er Jahren durch die enge Zusammenarbeit von Ärzten und Meteorologen etwas Ordnung in die Vielfalt und Vielschichtigkeit der meteorotropen (= vom Wetter beeinflußbaren) Reaktionen des menschlichen Organismus gebracht werden. Auch in der Tiermedizin wurden Wettereinflüsse auf das Verhalten und Erkranken von Tieren in ganz ähnlicher Form nachgewiesen (s. auch S. 56).

Ein besonderer Vorteil des Tölzer Schemas ist seine Anschaulichkeit. Die sechs Wetterphasen (WPh) sind nichts anderes als eine Abfolge typischer Wetterbilder vom Hoch zum Tief und wieder zum nächsten Hoch. Jedes der Wetterbilder ist durch ein bestimmtes und genau umrissenes Verhaltensmuster der Wetterelemente gekennzeichnet. Über die Wettervorgänge (WVG) sind unsere Wetterphasen-Bilder eng mit der Dynamik der Atmosphäre verbunden und können auch mit den Methoden der modernen numerischen Meteorologie beschrieben werden. Der Hobby-Wetterbeobachter wird sich jedoch auf die Sprache der Wolken verlassen, aus der er mit eigenen Augen und zu jedem Zeitpunkt bereits viel über das Wetter und sein Entstehen erfahren kann.

Das tägliche Wetter ist durchaus nicht so unüberschaubar und unberechenbar, wie es einer flüchtigen Betrachtungsweise erscheinen mag. Wichtig ist nur, ein Prinzip zu finden, das es gestattet, die einzelnen Wetterabschnitte oder -phasen im Zusammenhang zu sehen und in logischer Folge voneinander abzuleiten. Damit könnten wir das augenblickliche Wetter besser verstehen und seinen nächsten Schritt mit größerer Sicherheit abschätzen.

Ebenso wichtig wie die Erkennung von Schlechtwetterzeichen ist dabei auch die Beurteilung der Beständigkeit einer Schönwetterlage. Allein schon deshalb sollte man den gesamten Zyklus vom sonnigen bis zum schlechten Wetter in seinen Teilabläufen kennen. Wenn dazu die Dauer der einzelnen Wetterphasen bekannt wäre, könnte auch ein Hobby-Meteorologe »fast« schon eine Wettervorhersage wagen. In der Tabelle auf S. 43 ist als Anhaltspunkt hierzu die mittlere Dauer der einzelnen Phasen angegeben.

Das Tölzer Wetterphasenschema nach H. Ungeheuer und H. Brezowsky hat neben seiner Anschaulichkeit den weiteren Vorteil, daß es die Vielfalt der täglichen Wetterbilder auf nur sechs wesentliche und meteorologisch genau beschreibbare Wetterabschnitte mit einigen Sonderformen zurückführt. Zusammen ergeben sie einen in sich geschlossenen Ablauf, d. h. wenn ein typisch ausgebildetes Tief wie in der Grafik rechts über ein Gebiet hinwegzieht, »erlebt« man aufeinanderfolgend die Wetterphasen 1 bis 6; der Vorgang wiederholt sich beim Passieren des nächsten Tiefs. Gerade deshalb ist dieses Schema für den Hobby-Meteorologen, der sich zunächst nur für die Bestimmung des Wetters interessiert, sehr gut geeignet. Es hat außerdem den Vorteil, daß wegen seiner medizinmeteorologischen Herkunft viele Erkenntnisse über den Wettereinfluß auf den gesunden und erkrankten Menschen gleichzeitig mit zur Verfügung stehen.

Mit nur sechs (abgesehen von den Sonderformen) Phasen kann das Wetter natürlich nur sehr stark vereinfacht und idealisiert wiedergegeben werden. Die Kartenbeispiele des folgenden Katalogs mußten deshalb auch so ausgesucht werden, daß sie die jeweilige meteorologische Situation möglichst typisch zum Ausdruck bringen. Auch die Beschreibung der Wetterbilder oder -phasen kann sich nur auf die wichtigsten Kennzeichen beschränken. Wie aus dem Text hervorgeht, zeigen sie außerdem nicht selten große jahreszeitliche Unterschiede.

Eine andere Schwierigkeit bei der Bestimmung der Wetterphasen im aktuellen Fall besteht in dem meist sehr unterschiedlichen Tempo ihres Ablaufs. Dies kann soweit gehen, daß neben überlangen Verzögerungen, z. B. bei Föhn über mehrere Tage, auch übermäßige Beschleunigungen auftreten. Es entsteht dann der Eindruck, als ob die Atmosphäre bestimmte Wetterphasen vergessen hätte oder Sprünge machen wollte. Dem genaueren Beobachter wird aber deutlich werden, daß die Atmosphäre dies nur in den seltensten Fällen macht. Die Tempounterschiede in den einzelnen Wetterphasen bedeuten allerdings, daß eine richtige Wettervorhersage mit Hilfe des Wetterphasenschemas eben doch nur »fast« möglich ist!

Im folgenden werden die Wetterphasen 1 bis 6 mit den Sonderformen 3f, 4a, 5s, 6z und 6s vorgestellt. Die Phasen 5s und 6s sind dabei als besonders gefährliche Wetterlagen aufgenommen: Sturm und Orkan. Zu Beginn des Jahres 1990 führten solche Wetterlagen in West- und Mitteleuropa zu schweren Verwüstungen.

Die Beschreibung der Wetterphasen erfolgt jeweils nach dem gleichen Schema:

1. Bezeichnung der zugehörigen Großwetterlage in Europa.
2. Meteorologische Charakteristik der Großwetterlage.
3. Beschreibung des Himmelsbildes. Die dabei verwendeten Abkürzungen von Wolkenformen sind auf S. 73/74 erklärt.
4. Niederschlag, Temperatur-Feuchte-Milieu (TFM) und Wind.
5. Besondere Hinweise für Sport und Freizeit.
6. Medizinmeteorologische Hinweise.

Eine zu jeder Wetterphase gezeichnete Grafik zeigt ein Beispiel aus der täglichen Wetterkarte. Das rote Feld

Die Wetterphasen

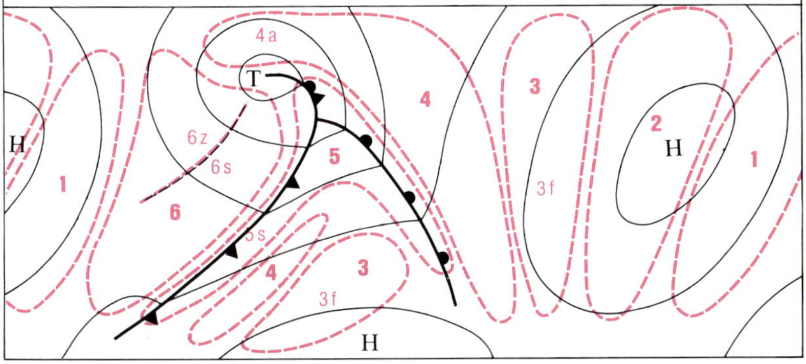

WPh	Bezeichnung	WVG	TFM	Empfindung	Andauer
1	mittleres Schönwetter		kühl → mild trocken	belebend erfrischend	1 – 2 Tage
2	gesteigertes Schönwetter		mild → warm trocken	angenehm, behaglich	1 – 2 Tage und mehr Tage
3	übersteigertes Schönwetter Sonderform: 3 f: Föhn am nördlichen Alpenrand		warm sehr trocken	warm, sehr warm z. T. belastend	1 Tag
4	aufkommender Wetterumschlag Sonderform: 4 a: Aufgleiten aus Südost		warm feucht	feuchtwarm, »schwül«	6 – 18 Stunden 4 a: 2 u. mehr Tage
5	Wetterumschlag Sonderform: 5 s: Südweststurm		warm → feucht	fröstelnd, naß- kalt, unbehaglich	1 – 12 Stunden 5 s: wenige Stunden
6	Wetterberuhigung Sonderformen: 6 z: »aktive Kaltluft« 6 s: Trogorkan		kalt → kühl feucht → trocken	kalt, frisch »rauh«	1 Tag 6 z: 2 u. mehr Tage 6 s: wenige Stunden

Die Grafik veranschaulicht die typischen Wetterphasen, die im Umfeld eines Tiefs herrschen, und die beim Wandern des Tiefs nacheinander das Wetter bestimmen. Die verwendeten Abkürzungen bedeuten:

WPh = Wetterphase
WVG = Wettervorgang
TFM = Temperatur-Feuchte-Milieu
= Grundschichtlabilität, darüber Absinken oder Abgleiten
= Absinken
= Abgleiten (stabil)
= stabiles Aufgleiten
= labiles Aufgleiten
= hochreichende Turbulenz

bezeichnet die geographische Region, in der die Wetterphase vorherrschend ist. Der nebenstehende Text verwendet typische Formulierungen aus dem »amtlichen« Wetterbericht. Die ausgewählten Fotos zeigen Wolkenformen, die für die Wetterphase charakteristisch sind.

Wetterphase 1
Mittleres Schönwetter

1. Hoch über Mitteleuropa oder über dem Alpenraum.
2. Kalter Bereich von Hochdruckgebieten, d. h. Ostflanke des Hochs.
3. Das Himmelsbild zeigt eine aufgelockerte flache Quellbewölkung (Cu hum) bei sich stabilisierender Wetterlage. Die sonnigen Abschnitte dehnen sich aus, während die Wolkenuntergrenzen ansteigen. Im Nordstau der Alpen und der höheren Mittelgebirge ist die Bewölkung anfangs noch ziemlich dicht, lockert aber rasch auf und verschwindet nicht selten im Laufe eines Tages völlig. Infolge des noch vorhandenen hohen Feuchtegehalts der Luft ist es häufig dunstig und in der kälteren Jahreszeit tritt im Flachland und in Tallagen nicht selten Frühnebel auf.
4. Niederschlagsfrei. Nachts beginnender Taufall oder Reifansatz. Frische, belebende Luft, im Winter starke Kältereize. Der Wind flaut rasch ab, kann tagsüber vor allem in höheren Lagen zeitweise aber noch recht lebhaft sein; vorherrschende Richtungen: Nordwest bis Nordost. Ausgeglichener Tagesgang der meteorologischen Elemente.
5. Beste Zeit zum Beginn von Freizeitunternehmungen. Auch wenn Berggipfel z. T. noch in Wolken liegen oder Nebelfelder die Sicht nehmen, ist tagsüber mit zunehmender Wetterbesserung zu rechnen. Die Berge werden frei, die Sicht bessert sich, und der Wind flaut insgesamt ab.
6. Keine wetterbedingten Einschränkungen der körperlichen Leistungsfähigkeit. Günstige bis euphorische Stimmungslage. Guter Schlaf.

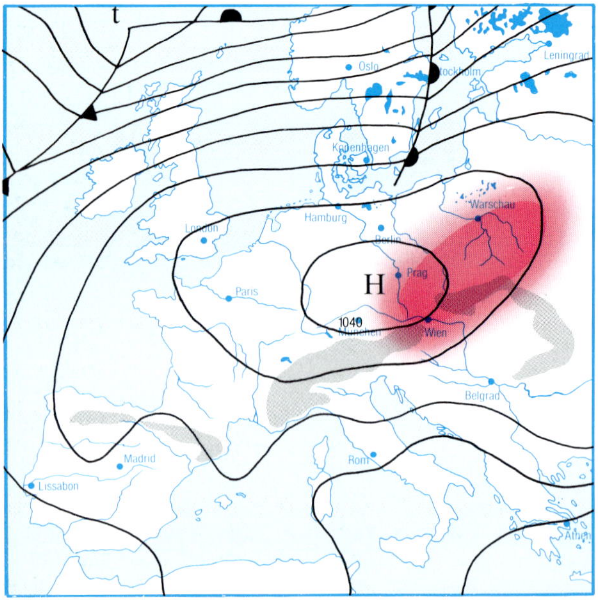

Die mitteleuropäische Hochdruckzone verlagert ihren Schwerpunkt nur noch wenig in südlicher Richtung und bleibt für Deutschland wetterbestimmend. Übermorgen werden atlantische Tiefausläufer den Küstenbereich streifen ... Ein winterlicher Kälteeinbruch ist nicht zu erwarten. Infolge nächtlicher Ausstrahlung tritt jedoch verbreitet Frost bis −5 °C auf (November).

Flache Quell- oder Haufenwolken (Cu humilis, oben und unten) und dünne Haufenschichtwolken (Sc perlucidus, unten im Vordergrund). ▶

Wetterphase 2
Gesteigertes Schönwetter

1. Hoch über dem östlichen Mitteleuropa oder über den Ostalpen.
2. Warmer Bereich von Hochdruckgebieten (deren westliche Flanke).
3. Am Morgen Dunst, in der kälteren Jahreszeit häufig Frühnebel. Sonst klar und wolkenlos. Am Vormittag rasche Erwärmung. In der warmen Jahreszeit ab Mittag nicht selten Quellbewölkung (Labilisierung) mit hoher Basis (Cu hum, Cu med), in den Bergen nachmittags einzelne Cu con oder Cb. Am Abend Wolkenauflösung. In der kalten Jahreszeit oberhalb der Dunst- oder Nebelgrenze, die meist zwischen 800 m und ca. 1300 m liegt, wolkenloser, tiefblauer Himmel, sehr gute Fernsicht.
4. Nachts starker Taufall oder Reifansatz. Niederschlagsfrei. Im Sommer im Hochgebirge nachmittags vereinzelt Wärmegewitter. Ausgeprägter Tagesgang der meteorologischen Elemente.
5. Im Sommer bei Gebirgstouren nachmittags Gewittermöglichkeit einplanen! Entwicklung der Quellbewölkung beobachten! Sonst allgemein sonnig. In der kalten Jahreszeit: Ideales Ski- und Tourenwetter im Gebirge. Strahlend blauer Himmel, uneingeschränkte Fernsicht, mild und windschwach.
6. Erhöhte körperliche Leistungsbereitschaft und -fähigkeit. Angeregte, unternehmungsfreudige Stimmungslage. Guter Schlaf. Im Sommer kann nachmittags bereits Wärmebelastung auftreten, mitunter leicht schwül, Sonnenschutz! Im Winter in der Frühe sehr kalt, ggf. Morgennebel.

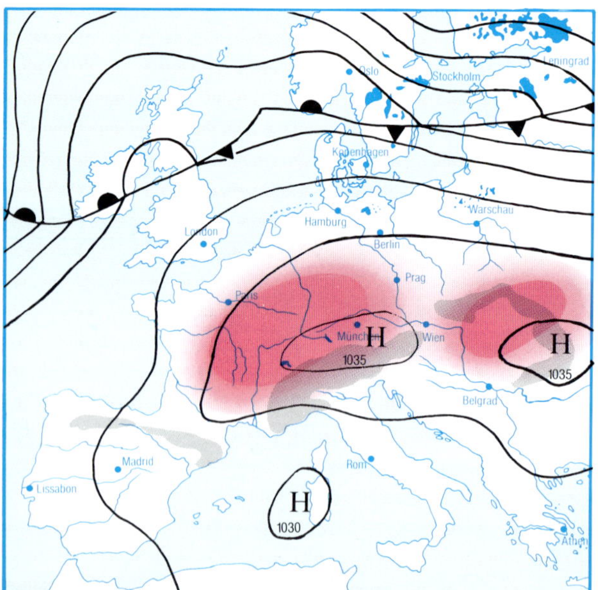

Das mitteleuropäische Hoch bleibt für Deutschland bis übermorgen wetterbestimmend. Dabei wird an seiner westlichen Flanke milde Meeresluft herangeführt. Später verlagert es sich ostwärts, so können atlantische Tiefausläufer unter Abschwächung auf das Festland übergreifen (Februar).

Oben: Cu mediocris ▶ und Cu congestus.

Mitte: Dunstschichten, Rauchfahne zeigt Inversion an.

Unten: Cu humilis und Sc stratiformis (im Hintergrund).

Wetterphase 3
Übersteigertes Schönwetter

1. Hoch über Osteuropa, weiter ostwärts abwandernd oder sich abschwächend.
2. Abziehende Westflanke des Hochs bei zügiger Annäherung eines Tiefs oder eines Störungsausläufers aus westlichen bis nordwestlichen Richtungen.
3. Keine tiefe Bewölkung mehr. Mittelhohe Wolkenbänke (Ac), häufig dabei Lentikularisformen (linsenförmige Schichtwolken, Ac len, »Föhnwolken«). Nicht selten wolkenlos. In Bodennähe und im Talbereich bisweilen stark dunstig durch tiefe Inversionen, darüber in der sehr trokkenen und warmen Luft sehr gute Fernsicht.
4. Niederschlagsfrei. Nachts kein Taufall oder Reifansatz mehr. Allmählich aufkommender südwestlicher Wind. Im Sommer durch starke Sonneneinstrahlung laufend ansteigende Temperaturen, nachts kaum noch Abkühlung. Gang der meteorologischen Elemente vor allem in der zweiten Tageshälfte bereits gestört.
5. Gutes Sport- und Freizeitwetter. Zunehmender, auf Süd bis Südwest drehender und gleichmäßiger, nur in unmittelbarer Gebirgsnähe böiger Wind. Im Hochgebirge aufkommender starker bis stürmischer Wind um Südwest. Mit baldiger Wetterverschlechterung, im Hochgebirge auch mit Wetterstürzen ist zu rechnen.
6. Abfall der körperlichen Leistungs- und Koordinationsfähigkeit (auch bei Gesunden!). Scheu vor erhöhter Anstrengung und Konzentration. Zu-

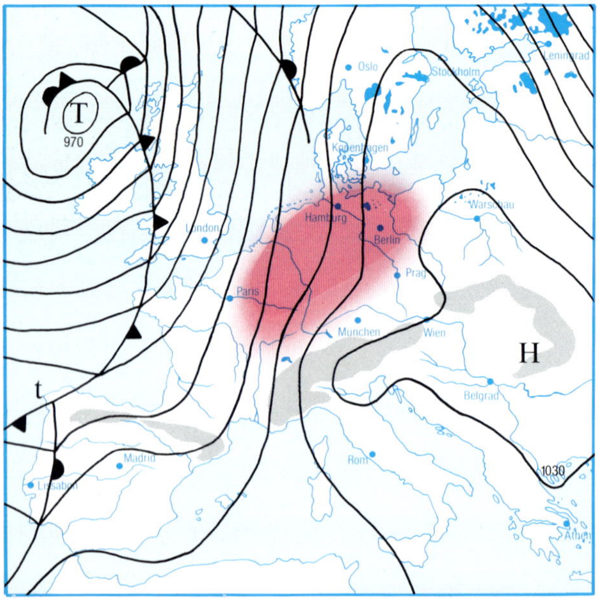

Das südosteuropäische Hoch verlagert sich weiter nach Westrußland. Damit können die Ausläufer des nordatlantischen Tiefdrucksystems morgen auf den Westen und Nordwesten Deutschlands übergreifen. Mit einer südwestlichen Strömung gelangt sehr milde Luft aus subtropischen Breiten in unseren Raum (November).

Oben: Mittelhohe dünne Haufenschichtwolken (Ac stratiformis translucidus perlucidus). ▶

Unten: Beendigung der WPh 3 mit Aufzug von Ac und As aus Südwesten.

nehmende Reizbarkeit und Unruhe bei verlängerter Reaktionsfähigkeit, dadurch erhöhte Unfallbereitschaft. Geringe Schlaftiefe bei vermindertem Schlafbedürfnis. Genußgifte entfalten eine erhöhte Wirksamkeit! Gesundheitlich geschwächte oder nicht trainierte Personen sollten ungewohnte körperliche Anstrengungen oder Extremleistungen vermeiden.

Sonderfall: Wetterphase 3 f Übersteigertes Schönwetter mit Föhn in den Nordalpen

1. Hoch über Osteuropa und Tief bei den Britischen Inseln mit Teiltief oder Tiefentwicklung über der Biskaya oder Westfrankreich.
2. Durch Tiefdrucktätigkeit im Raum Britische Inseln/Biskaya wird die Ostverlagerung atlantischer Störungsausläufer über Süddeutschland verzögert. Über den Alpen stellt sich eine südliche bis südöstliche Strömung ein.
3. Am Alpennordrand und in den Bergen sehr trockene und klare Luft. Unbegrenzte Fernsicht bei wolkenlosem Himmel oder nur einzelnen Lentikulariswolken (»Föhnfische«, Ac len), die sich parallel zu den Bergketten anordnen. Im Bereich des Alpenhauptkamms von Süden übergreifende dichte und starke Bewölkung (»Föhnmauer«) aus Ci, Ac, As, Cu, die nach Norden zu rasch ausschichtet und sich auflöst. In den Südalpen dagegen dichte Staubewölkung (Ns) mit kräftigen und oft sehr ergiebigen Niederschlägen (s. Grafik S. 52).
4. Im Lee der Nordalpen durch absteigende Luftströmung starke Austrocknung und Erwärmung der Luft.

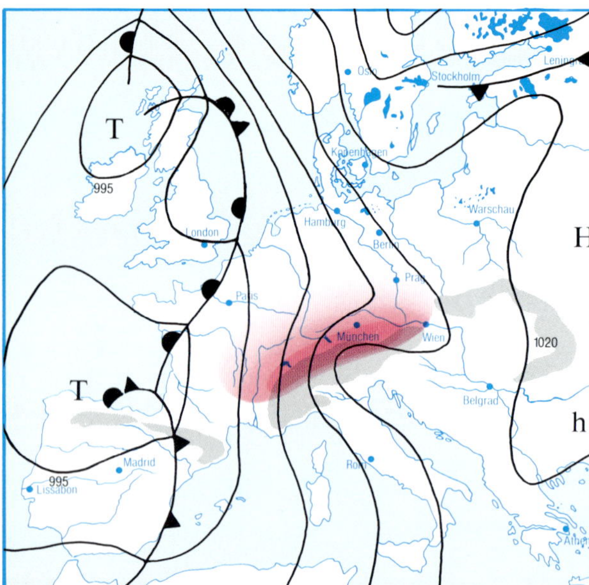

Zwischen der Tiefdruckzone, die sich von den Britischen Inseln bis nach Portugal erstreckt, und dem osteuropäischen Hoch verbleibt Deutschland in einer milden südlichen Strömung. Unterhalb der Inversion bei etwa 400 m bleibt jedoch Kaltluft wetterbestimmend. Am Alpenrand herrscht Föhneinfluß (November).

Oben: Ac, As, Cs (Föhnmauer am Horizont). ►

Unten: Cs und »Föhnfisch« (Ac lenticularis).

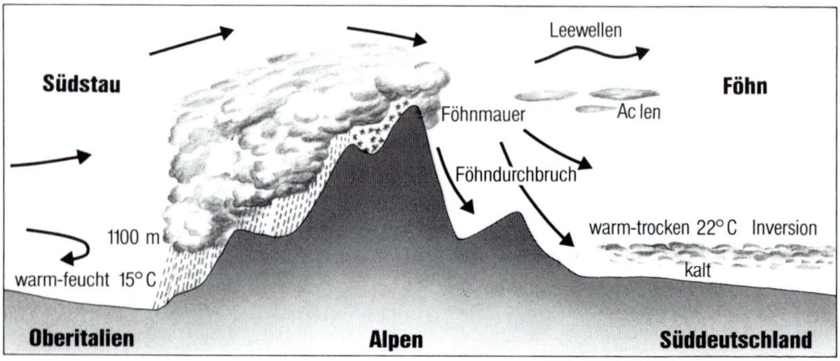

Schematische Darstellung des Wettergeschehens bei Föhn im nördlichen Alpenvorland.

Dazu starke Sonneneinstrahlung bei klarer Luft (hoher UV-Anteil!). Tagsüber zunehmend warm oder heiß, nachts kaum Abkühlung und ungewöhnlich warm. Auch über Schneedecken nur geringe Abkühlung der Luft, dazwischen warme »Föhnschwaden«. Im Lee der Bergketten stark böiger Fallwind (Bezeichnung »Fallwind« nicht ganz richtig, da es ja eine warme Luftströmung ist!). In Hochlagen starker bis stürmischer Südwind. Der echte Föhn der Alpennordseite bleibt meist auf die Gebirgsregion und das unmittelbare Vorland beschränkt. Zahl der Föhntage/Jahr z. B. in München ca. 10 und 50 km südlich in Bad Tölz ca. 40! Tagesgang der meteorologischen Elemente stark gestört.

5. Gutes Bergwetter. In Hochlagen jedoch Föhnsturm. Schutz vor starker UV-Strahlung vor allem über Schnee- oder Firnfeldern unbedingt nötig (Augen, Haut!). Bei Tourenplanungen baldige Wetterverschlechterung (»Föhnzusammenbruch«) berücksichtigen!

6. Biologische Wirkung ähnlich wie bei Wetterphase 3. Die Besonderheit des Föhns besteht darin, daß seine Auswirkungen auf das Befinden sehr unterschiedlich sein können und im wesentlichen im psychischen Bereich liegen. Neben Kopfschmerz, Migräne und depressiven Verstimmungen tritt nicht selten eine übererregt-euphorische Stimmungslage und eine erhöhte psychische Labilität auf, die zu Fehlverhalten, z. B. zu erhöhter Risikobereitschaft und Aggressivität, gegebenenfalls durch Alkoholgenuß noch verstärkt, führen kann.

Oben: Ac lenticularis und Cs. Über dem Talgrund Nebel oder Hochnebel (St). Oberhalb der Inversion sehr gute Fernsicht. ▶

Unten: Abendlicher Himmel bei Föhn.

Wetterphase 4 Aufkommender Wetterumschlag

1. Die Höhenkarte zeigt einen Trog (s. S. 70) mit polarer Kaltluft über Westeuropa oder dem Ostatlantik.
2. Vorderseite eines heranziehenden Tiefs. Die zunächst in höheren Schichten einsetzende Zufuhr feuchter und warmer Luft aus Südwesten setzt sich allmählich bis zum Boden durch.
3. Aufzug hoher und sich allmählich verdichtender Cirrusbewölkung, gefolgt bei absinkenden Untergrenzen von mittelhohem Altostratus und bei langsam einsetzendem Niederschlag von Nimbostratus und Stratus. Bergländer zunehmend in Wolken. Es wird dunstig, im Winter tritt bisweilen Mischungsnebel auf. An Berghängen bilden sich nicht selten Wolkenbänke aus. Besonders im Sommer kündigt sich die zunehmende Labilität der Atmosphäre am Morgenhimmel in Bänken von Ac cas und Ac flo an. Diese Wolkenarten sind nahezu untrügliche Vorboten von Gewittern am Nachmittag. Meist verschwinden sie im Laufe des Vormittag wieder, bevor sich nachmittags starke Quellbewölkung entwickelt.
4. Einsetzender Regen oder Schneefall, zunächst von geringer Stärke. Im Sommer nachfolgend auch eingelagerte Gewitter. Die Temperaturen werden schwül-lastend, nachts sinken sie kaum ab. Im Winter Tauwetterbeginn. Auffrischender Wind um Südwest, im Hochgebirge mit Sturm- oder Orkanböen. Gründliche Störung der Tagesperiodik, oft umgekehrter Tagesgang der meteorologischen Elemente.

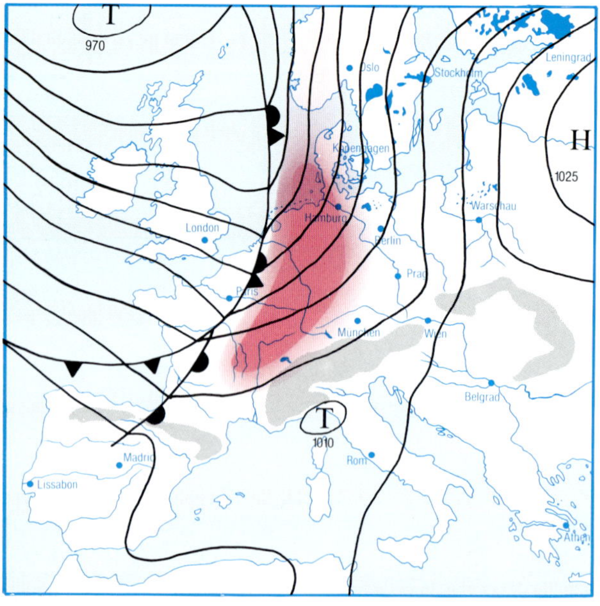

Das Frontensystem eines Sturmtiefs mit Zentrum bei Island überquert Deutschland bis morgen früh. In einer lebhaften westlichen Höhenströmung folgen weitere atlantische Störungen (Oktober).

Oben: Übergang von WPh 3 zu WPh 4; Ci fibratus, Cs nebulosus, Ac radiatus, As radiatus. ▶

Unten: Typische Himmelsansicht bei WPh 4; As translucidus.

5. Bei Auftreten der ersten Wetterzeichen für den aufkommenden Wetterumschlag ist innerhalb der nächsten etwa 4 bis 18 Stunden mit akuter Wetterverschlechterung zu rechnen. Bei Hochtouren im Gebirge sollte deshalb das Tempo der Verschlechterung an der Veränderung des Himmelsbildes besonders genau verfolgt werden: einfallende Bewölkung, aufkommende Gewitter, auffrischender Wind usw. Beachte Ac cas oder Ac flo am Morgenhimmel! Eine folgende Schlechtwetterperiode von mehreren Tagen muß eventuell eingeplant werden.
6. Biologisch ungünstigste Wetterphase. Steigerung der Symptomatik von Wetterphase 3a. Dazu erhöhte Empfindlichkeit bei Wund- und Narbenschmerzen, sowie vermehrte Neigung zu Notfällen wie Kreislaufkollaps und Herzinfarkten. Entzündliche und fieberhafte Prozesse sind begünstigt, die allgemeine Widerstandskraft ist herabgesetzt, dadurch Ausbruch von Erkältungen oder Grippe begünstigt. Genußgifte entfalten eine erhöhte und außerdem oft anomale Wirkung (Alkohol, Drogen!). Bei älteren, untrainierten und gesundheitlich geschwächten Personen sollten stärkere und ungewohnte körperliche Belastungen vermieden werden.

Die Biotropie oder biotrope Wirksamkeit des Wetters, d.h. die Tatsache, daß Wettervorgänge den menschlichen (und tierischen) Organismus beeinflussen können, ist allgemein bekannt und immer wieder durch Vergleichsstatistiken nachgewiesen worden. Es ist aber bisher noch nicht gelungen, einen bestimmten Wetterfaktor für die vielfältigen Erscheinungsformen der Wetterfühligkeit oder -empfindlichkeit (s. S. 38) verantwortlich zu machen. Man muß vielmehr davon ausgehen, daß die einzelnen Wetterelemente – die ja immer gleichzeitig auf den Organismus einwirken – je nach Wetterlage oder Wetterphase bestimmte »Reizmuster« bilden, auf die der Organismus individuell in einer großen Skala verschiedener Reaktionsformen antworten kann. Dies schließt jedoch keineswegs aus, daß einzelnen Faktoren, wie z.B. der Temperatur oder der atmosphärischen Impulsstrahlung (s. S. 40), eine herausragende Rolle zukommt. In Atmosphäre und Mensch stehen sich eben zwei hochkomplexe Funktionssysteme gegenüber!
Bei zahlreichen medizinmeteorologischen Untersuchungen stellte sich deshalb auch heraus, daß die Wetterbiotropie keineswegs eine feste Größe ist, sondern je nach Wetterphase, Jahres- und Tageszeit, sowie je nach Klimaregion eine unterschiedliche Ausprägung hat. Andererseits hängt ihre Auswirkung von Alter, Geschlecht, individueller Veranlagung oder Erkrankung ab: Der gleiche biotrope Wettervorgang kann sehr verschiedene, ja gegensätzlich scheinende meteorotrope Reaktionen bei den einzelnen Menschen auslösen.

Oben: Übergang von WPh 4 zu WPh 5. ▶
As translucidus bei absinkenden Wolkenuntergrenzen. Am linken Bildrand beginnender Ns, in der Bildmitte As pannus. Darunter die Berggipfel einhüllender Sc und Cu.

Unten: Ac oder As mamma (Sonderform).

Sonderfall: Wetterphase 4a Aufgleiten aus Südost (Verstärkung und Verzögerung der Phase 4)

1. Historisch bedingte Bezeichnung: Fünf-b-(Vb-)Wetterlage.
2. Tiefentwicklung über der Adria bzw. Oberitalien mit nördlicher oder nordöstlicher Verlagerung in Richtung Österreich/Ungarn/Polen. Seine Entstehung verdankt das »Fünf-b-Tief« dem Vorstoß kalter Nordatlantikluft über Westeuropa hinweg in den westlichen Mittelmeerraum. Dabei kommt es zum Aufgleiten feuchtwarmer Luft aus dem östlichen Mittelmeergebiet über die kältere Luft nördlich der Alpen.
3. Starke und hochreichend geschlossene Bewölkung (Ns, St) mit anhaltenden Niederschlägen. Tiefe Wolkenuntergrenzen, Berge bereits in Talnähe in Wolken.
4. Durch anhaltende und ergiebige Niederschläge Hochwassergefahr im Einzugsgebiet von Donau, Elbe und Oder, meist im Frühjahr oder Herbst. Im Winter große Schneemengen. Kein Tagesgang der meteorologischen Elemente.
5. Anhaltendes Schlechtwetter.
6. Depressive Stimmungslagen werden wegen des oft tagelang anhaltenden trüben Wetters verstärkt. Besonders im Winter ist der Ausbruch von Erkältungskrankheiten und grippalen Infekten begünstigt. Zeitweise ist auch die Neigung zu Herz- und Kreislaufbeschwerden erhöht. Die körperliche Leistungsfähigkeit ist häufig herabgesetzt. Die biologisch ungünstige Wirkung dieser Wetterlage ist weniger stark als bei Wetterphase 4, hält aber länger an.

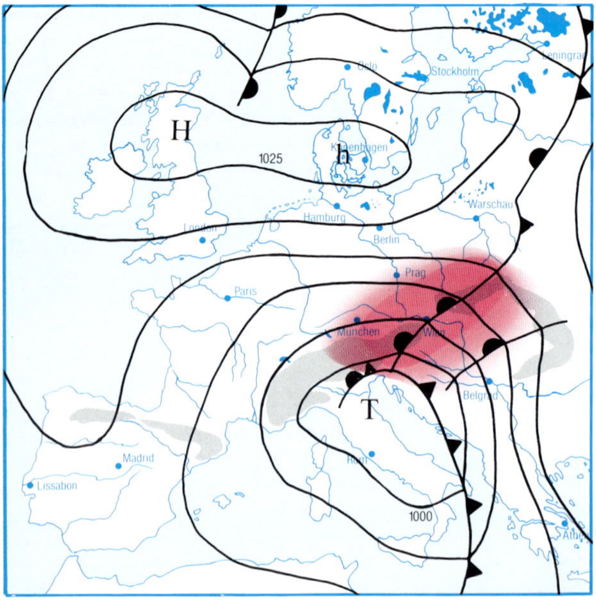

Ein Tief mit Schwerpunkt über Norditalien zieht langsam ostwärts. Auf seiner Vorderseite strömt Warmluft in der Höhe auf die über Deutschland liegende kalte Grundschicht. Die Aufgleitniederschläge entwickeln sich überwiegend im süddeutschen Raum (Februar).

Oben: Ac opacus, Sc radiatus, in Ansätzen Sc mamma. Im Hintergrund Sc praecipitatio und Cu fractus. ▶

Unten: Ns praecipitatio mit St fractus.

Wetterphase 5
Wetterumschlag

1. Trog (s. S. 70) über Mitteleuropa.
2. Nach Warmfrontdurchgang Südweströmung warmer (subtropischer) Luft im Warmsektor. Bei abschließendem Kaltfrontdurchgang Windsprung auf West bis Nordwest mit nachfolgender kühler oder kalter Meeresluft polaren Ursprungs.
3. Starke bis geschlossene Bewölkung in allen Höhen (St, Sc, Ac, As, Cb, Ci). Schlechte Sicht durch Niederschlag. Berge bis in tiefere Lagen in Wolken. Im Sommer mitunter heftige Gewitter und Schauer.
4. Regen oder Schneefall oft schauerartig verstärkt. Im Sommer besonders nachmittags oder abends starke Gewitter mit Hagel oder Unwetter möglich. Abkühlung, in den Bergen oft Temperatursturz mit Schneefall in höheren Lagen. Im Winter im Flachland oft »naßkalt« bei Zufuhr erwärmter Meeresluft, wodurch häufig eine vorausgehende Frostperiode beendet wird. Vor Frontdurchgang auffrischender Wind aus Südwest, bei Kaltfrontdurchgang starke Böen und Wind auf West oder Nordwest drehend, anschließend rasch abflauend. Tagesgang der meteorologischen Elemente unterdrückt.
5. Dauer dieser Wetterphase meist nur wenige Stunden. In den Alpen durch Nordstau häufig verzögert. Nicht selten Übergang von einer Schönwetterperiode zu wechselhafter Witterung mit wiederholten Niederschlägen.
6. Rasches Abklingen der Biotropie (s. S. 56). Tiefer Schlaf bei erhöhtem Schlafbedürfnis. Deutliche Zunahme der Leistungsbereitschaft und -fähigkeit.

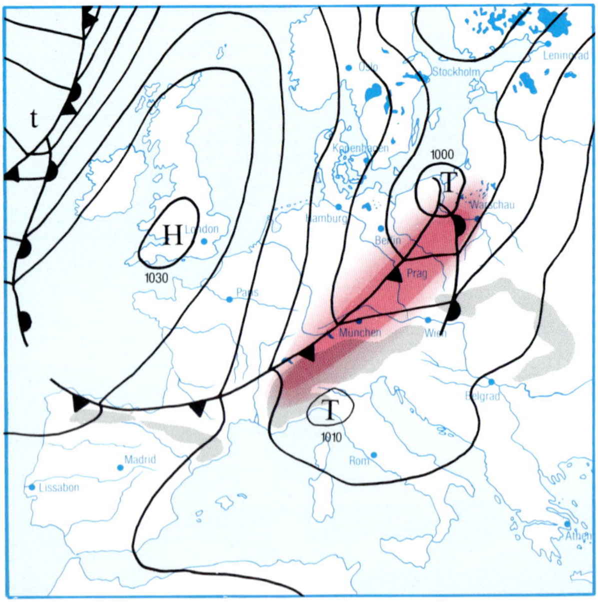

Das kräftige Tief über Polen zieht nach Osten ab. Die an seiner Rückseite einfließende Kaltluft polaren Ursprungs kommt unter dem Einfluß eines sich von den Britischen Inseln nach Nordfrankreich verlagernden Hochs zur Ruhe (November).

Oben: Auf der linken Bildseite und in der Mitte As radiatus, As opacus und St fractus, nach rechts übergehend in Ns praecipitatio ►

Unten: Ns praecipitatio, im Vordergrund Ns pannus.

Sonderfall: Wetterphase 5 s Südweststurm (Verstärkung und Beschleunigung des Wetterumschlags

1. Warmfrontvorderseite und Warmsektor.
2. An der Vorderseite eines atlantischen Tiefdrucksystems fließt subtropische Warmluft nach West- und Mitteleuropa. Ein neuer Ausbruch polarer Kaltluft in die Tiefrückseite verstärkt die warme Südwestströmung bei Bildung einer »Randwelle« mit breitem Warmsektor. In ihm erreicht der Bodenwind Sturm- oder Orkanstärke (meist im Herbst oder Frühjahr).
3. Ähnlich Wetterphase 5, jedoch rascher wechselnde und meist stärker aufgelockerte Bewölkung.
4. Südweststurm, ggf. mit Orkanböen. Zunächst trocken und warm, nach Einsetzen des Niederschlags Temperatursturz und Abflauen des Windes bei Drehung auf Nordwest.
5. Kein Sport- oder Freizeitwetter!
6. Ähnlich wie bei Wetterphase 4, jedoch Verstärkung der Biotropie (s. S. 56).

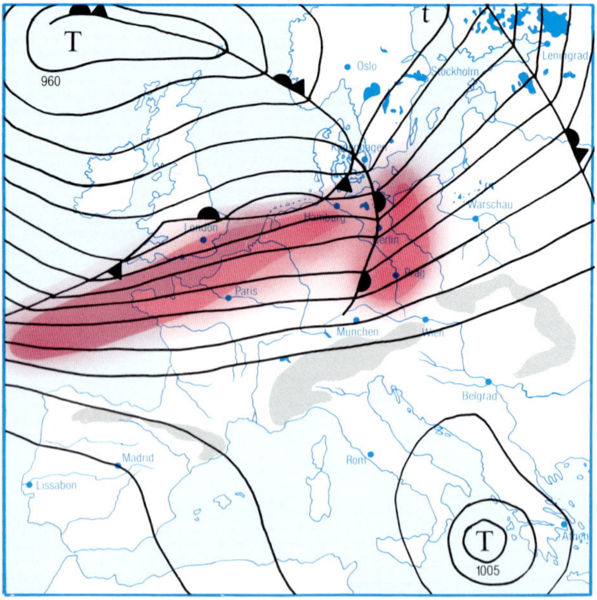

Das Sturmtief zwischen Island und den Britischen Inseln verlagert sich ostwärts. Seine Kaltfront überquert unter Wellenbildung bis morgen früh Deutschland. Hinter ihr strömt polare Meeresluft bis zu den Alpen nach. Bei anhaltend starken bis stürmischen Winden gehen die Schauer oberhalb etwa 800 m in Schnee über (Januar).

Oben: Steifer bis stürmischer Wind an der Küste (Beaufort 7–8). ▶

Unten: Wirkung eines orkanartigen Sturms auf dem Land (Beaufort 11–12).

Wetterphase 6 Wetterberuhigung

1. Zunehmender Hochdruckeinfluß und Zwischenhoch (s. S. 70) in Mitteleuropa.
2. Die auf der Tiefrückseite nachfließende Kaltluft stabilisiert sich durch Absinken. Luftdruckanstieg, Übergang zu Wetterphase 1.
3. In der warmen Jahreszeit lockere, schichtförmigen Wolkenfelder (Sc, Ac), die tagsüber in flache Haufenwolken (Cu hum, Cu med) von unterschiedlichem Bedeckungsgrad übergehen. Ansteigende Wolkenuntergrenzen. Berggipfel gelegentlich noch in Wolken. Örtlich Frühnebel. In der kälteren Jahreszeit bei ruhigem und windschwachem Wetter verbreitet Nebel oder Hochnebel. Oberhalb einer Inversion in etwa 800–1500 m heiteres oder wolkenloses Wetter bei sehr guter Fernsicht und ansteigenden Temperaturen.
4. Niederschlagsfrei. Nachts meist klar oder Bewölkungsrückgang. Wieder Taufall oder Reifansatz. Im Sommer tagsüber kühl oder angenehme Temperaturen, im Winter trockenkalt. In höheren Gebirgslagen einsetzende Erwärmung durch Absinken. Windschwach oder abflauender Wind. Wieder aufkommende Tagesperiodik der Wetterelemente.
5. Sehr günstiges Wetter für Sport und Freizeit. Im Sommer in den Bergen tagsüber z. T. stärkere Quellbewölkung, im Winter oberhalb der Inversion ideales Bergwetter, jedoch anfangs sehr »frisch«.
6. Keine ungünstige Beeinflussung durch das Wetter. Wachsende Leistungsbereitschaft. Alle Unternehmungen bis zur Grenze der individuellen Leistungsfähigkeit möglich.

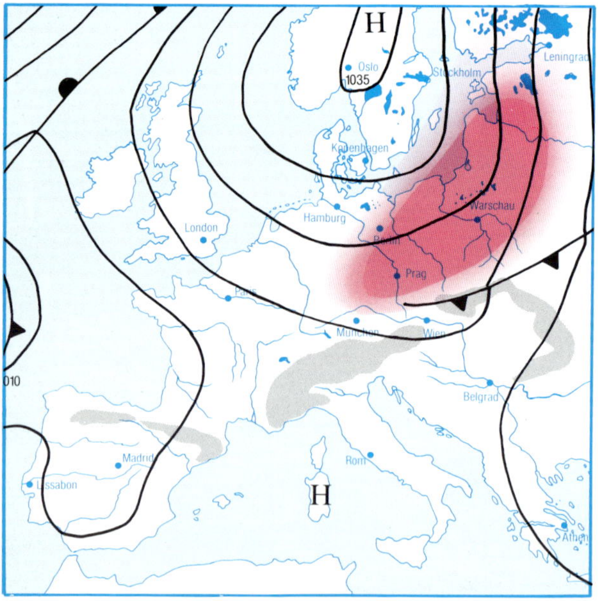

Die über Mitteleuropa angelangte Kaltfront ist nur noch schwach ausgeprägt. Sie hat jedoch die Bildung einzelner Schauer und Gewitter begünstigt. Aus Nordosten gelangt trockene und kalte skandinavische Luft nach Deutschland. Nur in den Alpen kann es nochmals zu einzelnen Gewittern kommen (Mai).

Oben: ▶
Cu mediocris, durch Wolkenlücken Ac und Cc sichtbar.

Unten: Haufenschichtwolken, aus Cu entstanden (Sc cugen).

Sonderfall: Wetterphase 6z »Aktive« Kaltluft (Verzögerte Wetterberuhigung)

1. Trog (s. S. 70) über Mittel- oder Osteuropa.
2. Verstärktes Einfließen hochreichend labiler (»aktiver«) Kaltluft an der Tiefrückseite nach Durchzug der Kaltfront.
3. Starke und z.T. noch hochreichende Quellbewölkung (Sc, Cu, Cu med, Cu con, Cb) mit nur kurzzeitigen Auflockerungen. Abends und nachts ausschichtend und sich abflachend, tagsüber wieder an Höhe und Menge zunehmend. Im Nordstau der Alpen und der Mittelgebirge oft geschlossene Wolkendecke mit eingehüllten Bergen. Außerhalb des Niederschlags gute Fernsicht.
4. Im Sommer anhaltend kühl mit wiederholten Schauern, häufig mit kurzen Gewittern. »Aprilwetter«. Im Gebirgsstau auch länger anhaltende Niederschläge. Im Winter Schneeschauer, in den Übergangsjahreszeiten Schneeregen oder Graupelschauer. Nachts sich beruhigende, tagsüber wieder auflebende Schauertätigkeit bei auffrischendem und stark böigem Wind aus Nordwest bis Nordost. Anfangs kühl-feucht oder naßkalt, später allmählich austrocknend.
5. Kälte- und Regenschutz erforderlich. Schlechtes Wetter in den Bergen; Lagen oberhalb 1200–1500 m meist in Wolken bei wiederholten Niederschlägen.
6. Beim Übergang von Wetterphase 5 zu Wetterphase 6z liegt ein zweiter Schwerpunkt der biologisch ungünstigen Wetterwirkung. Betrof-

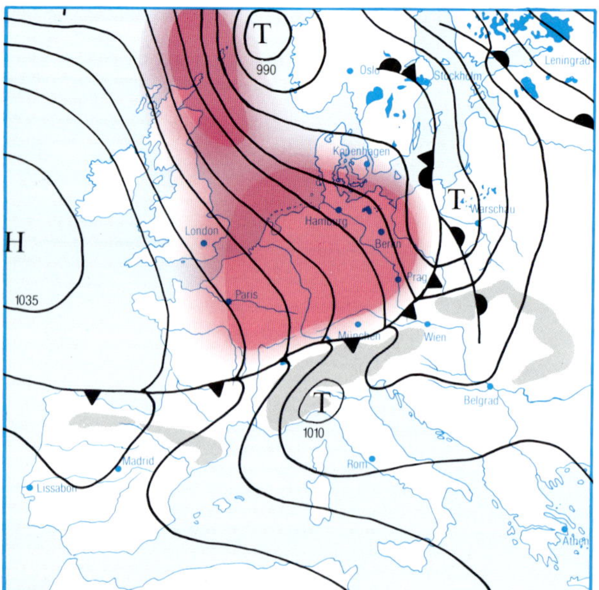

Auf der Rückseite eines südöstlich sich verlagernden Tiefausläufers strömt zunehmend Kaltluft aus polaren Breiten nach Mitteleuropa. Sie erreicht morgen auch den westlichen Mittelmeerraum, wobei sich das Tief über Norditalien noch verstärkt (November).

Sc stratiformis opacus mit Cu congestus (dunkle Unterseite!). ▶

fen sind hier jedoch die akuten und vor allem spastischen (krampfartigen) Beschwerden, wie erhöhte Bereitschaft zu Steinkoliken (Niere, Galle), stenokardischen Anfällen (Herzbeklemmung) bei Angina Pektoris oder zu Schlaganfällen. Gefährdete Personen sollten bei Freizeitplanungen dieses erhöhte Risiko berücksichtigen.

Sonderfall: Wetterphase 6 s Trogorkan über dem Nordatlantik (Verstärkung der Kaltluftaktivität)

1. Höhentrog (s. u.) über dem Ostatlantik.
2. Kräftiger Vorstoß polarer Kaltluftmassen aus dem isländisch-grönländischen Raum nach Süden.
3. Ähnlich wie Wetterphase 6 z, Veränderungen des Himmelsbildes jedoch rascher.
4. Wiederholt Schauer. Der mittlere Wind erreicht Stärke 10 bis 12, in Böen über 65 Knoten. Trogorkane gehören zu den gefährlichsten und schwersten außertropischen Stürmen. Vorkommen: Nordatlantik, Nordsee und Westeuropa. Der Trog folgt der Okklusion bzw. der Kaltfront im Abstand von 450–750 km innerhalb von 12 bis 20 Stunden nach. Er ist gekennzeichnet durch eine Winddrehung von Südwest auf Nordwest an der Trogachse. Die höchsten Windstärken treten meist nur in einer Breite von 150–200 km auf. Das Sturm- oder Orkanfeld beginnt in einem Abstand von ca. 180 km vom Tiefkern und läßt in ca. 400 km Abstand wieder nach. Die grüne Fläche entspricht dem Sturmfeld nach WPh 5 s.

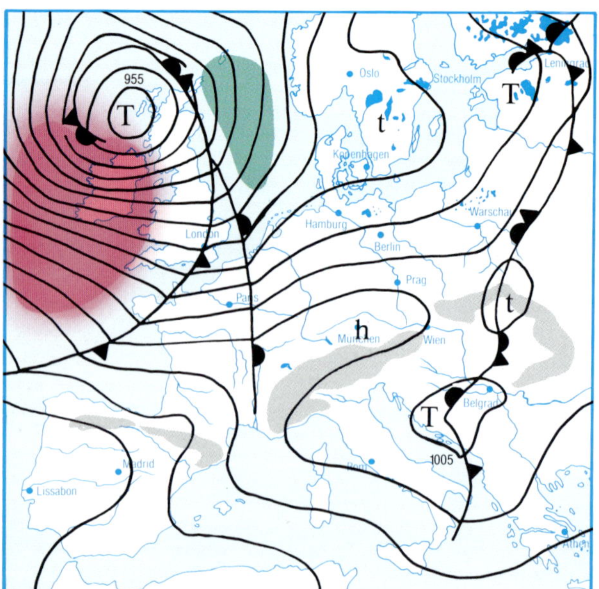

Ein Orkantief vor Schottland verlagert sich zur Nordsee. Seine Kaltfront überquert bereits im Laufe des Tages mit starkem westlichem Wind ganz Deutschland. Auf ihrer Rückseite fließt erneut polare Meeresluft nach Mitteleuropa. Über dem Seegebiet westlich der Britischen Inseln erreicht der Wind Orkanstärke (Februar).

Oben: Regenschichtwolke mit Wolkenfetzen (Ns praecipitato mit St fractus). ▶

Unten: Sc, St, Ac und As, am linken Bildrand Ns.

Der Trog ist ein Gebiet tiefen Luftdrucks innerhalb der Rückseitenströmung eines kräftigen und bereits zu altern beginnenden Tiefs. Er entsteht, wenn die Warmluft das Tiefzentrum nördlich umrundet hat, während die Kaltluft südlich und exzentrisch dazu herumfließt. Wo sich beide Luftmassen am nächsten kommen, bildet sich der Trog. Er ist um so stärker ausgeprägt, je größer die Temperaturgegensätze zwischen den Luftmassen sind.

Die Wetterkarte zeigt außerdem über Süddeutschland ein typisches Zwischenhoch (Zwischenhochkeil). Es ist eine Zone relativ hohen Luftdrucks zwischen zwei Tiefdruckgebieten und gekennzeichnet durch eine kurzzeitige Aufheiterung nach dem Durchgang einer Kaltfront oder Okklusion. Je nach Verlagerungsgeschwindigkeit der Tiefs dauert diese Schönwetterphase (die Wetterphasen 6, 1 und 2 zusammengefaßt!) meist nur einen Tag oder weniger lang. Im Zwischenhoch treten strahlungsbedingt große Temperaturunterschiede zwischen Tag und Nacht auf.

5. Orkane sind kein Freizeit- oder Segelwetter!

6. Ähnlich wie bei Wetterphase 6z, oft Verstärkung der Symptomatik.

Für die Entwicklung eines tropischen Wirbelsturmes (»Hurrikan«, »Taifun«, »Zyklone«) ist eine Meeresoberflächentemperatur von mehr als 26 °C Voraussetzung. Die Breite seines ringförmigen Orkanfeldes (mit Geschwindigkeiten bis über 200 km/h) um ein windschwaches und wolkenarmes Auge herum beträgt im Durchschnitt 60–80 km, kann aber bis 150 km anwachsen, während das Auge meist einen Durchmesser von 15–35 km hat. Aus der dichten Bewölkung fällt sintflutartiger Regen, gemessen wurden 500–1000 Liter/m^2 in wenigen Stunden.

Die Hauptsaison der tropischen Wirbelstürme liegt im Spätsommer und frühen Herbst, d.h. zwischen Juli und September auf der nördlichen und zwischen Januar und März auf der südlichen Halbkugel. Sie entstehen über äquatornahen Meeresgebieten jenseits von ca. 5° nördlicher bzw. südlicher Breite, da erst hier die Corioliskraft (s. S. 24) die zu ihrer Entwicklung nötige Größe erreicht.

Das Ursprungsgebiet der tropischen Wirbelstürme des nördlichen Atlantik liegt bei den Kapverdischen Inseln. Von hier aus wandern sie unter Einfluß des Nordostpassats (s. S. 24) zunächst westwärts in Richtung der Antillen. Die Mehrzahl schwenkt jedoch vorher nach Nordosten ein und wandelt sich in höheren Breiten in ein normales atlantisches Tief der mittleren Westwindzone um.

Diejenigen Hurrikane, die in die Karibische See gelangen, hinterlassen auf den Inseln, über die sie hinwegziehen, eine Schneise der Verwüstung. Verhältnismäßig selten treten sie auf das amerikanische Festland über, richten hier aber im ersten Anlauf durch Flutwellen an der Küste und durch die Gewalt der Orkane noch große Schäden an, bevor sie sich wegen der unterbrochenen Energiezufuhr vom Untergrund her rasch auflösen.

Oben: Stürmischer Wind (Beaufort 8) an der Strandpromenade. ▶

Unten: Schwerer bis orkanartiger Sturm auf hoher See (Beaufort 10–11)

Wolkenbilder

Wolkenbeobachtungen machen in Verbindung mit der Beobachtung anderer meteorologischer Elemente, wie Wind und Änderung von Temperatur und Luftdruck, eine Vorhersage des Wetters möglich. Dazu sind zweierlei Dinge nötig: erstens ein Einteilungsschema zum Bestimmen der Wolken und zweitens eine Kenntnis davon, nach welchen Gesetzen die Atmosphäre ihre Formen und Gestalten hervorbringt. Letzteres ist in den vorangehenden Kapiteln geschildert worden.

Für den Wolkenbeobachter ist es aber wichtiger und einfacher, die Wolken zunächst nach ihrem Aussehen und ihrer Höhe am Himmel zu unterscheiden. Die internationale Wolkenklassifikation beschreibt deshalb die Wolken nach diesen Kriterien. Danach werden sie wie die Pflanzen- oder Tierwelt nach einem bestimmten Schema in Familien, Gattungen, Arten und Unterarten eingeteilt und zur besseren internationalen Verständigung lateinisch benannt.

Insgesamt gibt es 10 Wolkengattungen, die in 4 Familien zusammengefaßt werden. Jede der Familien »bewohnt« ein bestimmtes Stockwerk der Troposphäre, so daß die erste Einteilung nach der Höhe erfolgen kann (s. Tabelle S. 73 oben). Die Wolkengattungen schließen sich als Hauptwolkentypen gegenseitig aus, so daß eine bestimmte Wolke nur einer der 10 Gattungen angehören kann. Ihre lateinischen Namen werden stets mit zwei Buchstaben abgekürzt.

Man unterscheidet in den Familien meist 3 Hauptgestalten: den Stratus (Schichtwolke, von lat. »stratus« ausgebreitet), den Cumulus (Haufen- oder Quellwolke, von lat. »cumulus« = Haufen) und den Stratocumulus (Mischform, unterbrochene Schichtwolke).

Die 10 Gattungen ergeben nur eine grobe Einteilung und Beschreibung der Wolken. Um etwas über die Eigenarten in der Gestalt der einzelnen Gattungen auszusagen, wurden 14 Wolkenarten festgelegt. Diese schließen sich ebenfalls gegenseitig aus (s. Tabelle S. 73 unten).

Eine weitergehende Unterteilung in 9 Unterarten ergibt sich aus der unteschiedlichen Lichtdurchlässigkeit und der verschiedenartigen Anordnung der Wolkenteile (s. Tabelle S. 74 oben). Die lateinischen Namen der Wolkenarten werden stets mit 3 Buchstaben, die der Unterarten mit 2 Buchstaben abgekürzt.

Schließlich kann man noch 9 Sonderformen unterscheiden, die sich auf Begleitwolken und charakteristische oder besonders auffällige Formen beziehen. Eine Wolkengattung

Wolkenfamilien - Wolkengattungen

Familie / Gattung	Abk.	Höhenlage (mittlere Breiten)	Temperaturbereich und Art der Wolkenelemente
Hohe Wolken		5–13 km	−20 °C bis −60 °C Eiskristalle
Cirrus Cirrocumulus Cirrostratus	Ci Cc Cs		
Mittelhohe Wolken		2–7 km	0 °C bis −30 °C Eiskristalle, unterkühltes Wasser
Altocumulus Altostratus	Ac As		
Tiefe Wolken		0–2 km	+15 °C bis 0 °C Wasser (Schneesterne)
Stratocumulus Stratus	Sc St		
Wolken mit großer vertikaler Erstreckung		0–13 km	+15 °C bis −60 °C Eiskristalle, Schneesterne, unterkühltes Wasser, Hagelkörner, Wasser
Nimbostratus Cumulus Cumulonimbus	Ns Cu Cb		

Wolkenarten

Name	Abk.	Bedeutung	Gattungen
fibratus	fib	faserig	Ci, Cs
uncinus	unc	haken-, kommaförmig	Ci
spissatus	spi	dicht	Ci
castellanus	cas	türmchenförmig	Ci, Cc, Ac, Sc
floccus	flo	flockig, bauschig	Ci, Cc, Ac
stratiformis	str	schichtförmig	Cc, Ac, Sc
nebulosus	neb	nebel-, schleierartig	Cs, St
lenticularis	len	linsenförmig, mandelförmig	Cc, Ac, Sc
fractus	fra	zerrissen	St, Cu
humilis	hum	niedrig	Cu
mediocris	med	mittelmäßig	Cu
congestus	con	mächtig aufgetürmt	Cu
calvus	cal	kahl, glatt	Cb
capillatus	cap	behaart, ausgefranst, faserig	Cb

kann gleichzeitig mehrere Sonderformen und Begleitwolken enthalten. Die Namen werden mit 3 Buchstaben abgekürzt (s. Tabelle unten).
Auch die Umwandlung von Wolken einer bestimmten Gattung in eine andere ist möglich. Um ihren Ursprung zu kennzeichnen, fügt man der neuen Gattung die Gattungsbezeichnung der Mutterwolke mit dem Wort »genitus« (lat. = entstanden) an. Z.B. bedeutet »Ac cugen« einen Altocumulus, der aus Cumuluswolken entstanden ist.
In den drei Tabellen für die Arten, Unterarten und Sonderformen der Wolken sind Name, Abkürzung, Bedeutung und die Wolkengattungen angegeben, bei denen sie jeweils vorkommen können.

Wolkenunterarten

Name	Abk.	Bedeutung	Gattungen
intortus	in	verflochten	Ci
vertebratus	ve	skelettartig, grätenförmig	Ci
undulatus	un	wellen-, wogenförmig	Cc, Cs, Ac, As, Sc, St
radiatus	ra	strahlenförmig, parallele Bänder und Streifen	Ci, Ac, As, Sc, Cu
lacunosus	la	durchlöchert (runde ausgefranste Löcher)	Cs, Ac, selten Sc
duplicatus	du	doppel- und mehrschichtig	Ci, Cs, Ac, As, Sc
perlucidus	pe	durchsichtig (durch kleine Lücken)	Ac, Sc
translucidus	tr	durchscheinend	Ac, As, Sc, St
opacus	op	nicht durchscheinend, dunkel	Ac, As, Sc, St

Sonderformen und Begleitwolken

Name	Abk.	Bedeutung	Gattungen
incus	inc	mit Amboß	Cb
mamma	mam	mit beutelförmigen, warzenartigen Auswüchsen an der Untergrenze	Ci, Cc, Ac, As, Sc, Cb
virga	vir	mit Fallstreifen	Cc, Ac, As, Ns, Sc, Cu, Cb
praecipitatio	pra	mit Niederschlag	As, Ns, Sc, St, Cu, Cb
arcus	arc	mit Böenkragen	Cb, selten Cu
tuba	tub	mit Wolkenschlauch (Trombe)	Cb, selten Cu
pileus	pil	mit Kappe	Cu, Cb
velum	vel	mit Schleier	Cu, Cb
pannus	pan	mit Fetzen (Schlechtwetterfetzen)	As, Ns, Cu, Cb

Die Wolken-stockwerke

Hohe Wolken: Cirrus.

Mittelhohe Wolken: Altocumulus.

Tiefe Wolken: Stratocumulus.

Cirrus (Ci)

Arten	Unterarten	Sonderformen	Mutterwolken	Niederschlag	Vorkommen
fibratus uncinus spissatus castellanus	intortus radiatus vertebratus duplicatus	mamma	Cc Ac Cb	kein Niederschlag	**WPh 2** **WPh 3** **WPh 4** **WPh 5**

Der Cirrus gehört zur höchsten Wolkengattung und besteht nur aus Eiskristallen. Wegen der starken Höhenwinde hat er ein haarähnliches oder faseriges und wie vom Wind verwehtes Aussehen. Seine zarten Fäden, weißen Flecken oder schmalen Bänder sind von seidigem Schimmer.

Häufige Arten und Unterarten

Ci fibratus: dünne Fasern oder Fäden.

Ci uncinus: kommaförmige oder wie mit Haken versehene Fasern oder Federn.

Ci spissatus: dichte, oft etwas grau aussehende Flecken, die Sonne z. T. verschleiernd oder verdeckend.

Ci radiatus: gegen den Horizont scheinbar zusammenlaufende, den ganzen Himmel überziehende Bänder.

Ci vertebratus: wie eine Wirbelsäule oder Fischgräten angeordnete Wolkenteile.

Entstehung

- Durch Turbulenz bei starker vertikaler Änderung der Windrichtung.
- Durch Konvektion in labilen Schichten der Hochtroposphäre.
- Durch Herauswehen von Eiskristallen aus einem Cumulonimbus oder aus anderen hochreichenden Wolken bei deren Auflösung (Cc, Ac).

Wetterbedeutung

Ci fib, Ci spi vereinzelt und unregelmäßig über den Himmel verteilt, stillstehend oder aus östlichen Richtungen kommend: noch keine Änderung der Schönwetterlage (WPh 2). Nähern sich Cirrusfelder und Kondensstreifen aus östlichen Richtungen, wobei sie sich zudem auflösen: Kräftigung der Hochdruckwetterlage (WPh 1, 2).

Ci unc, Ci spi, Ci flo, Ci cas, sich aus dem Südwestsektor nähernd und verdichtend: Wetterverschlechterung in 24 bis 48 Stunden (WPh 2, 3).

Ci fib (unc, spi) ra (»Polarbanden«, die sich im Bereich des einige 100 km breiten Starkwindes der Nullschicht (Jetstream) bilden, s. S. 28): Wetterverschlechterung durch Warmfront/Okklusion aus dem Westsektor in 18 bis 36 Stunden (WPh 3, 4).

Hohe Eiswolken (Federwolken). ►

Oben: Ci uncinus, Ci fibratus.

Unten: Ci vertebratus (beide Fotos).

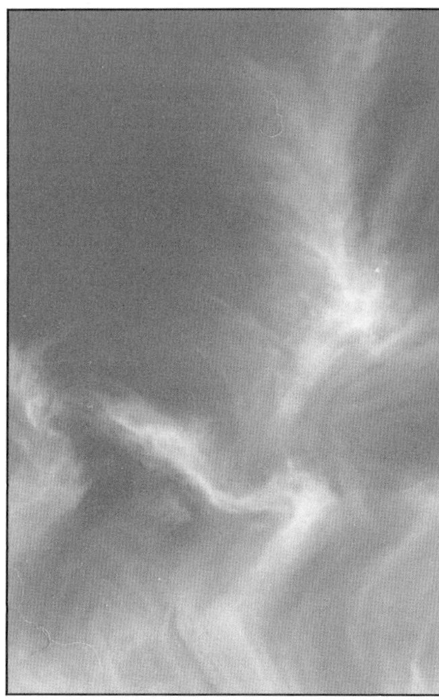

Cirrocumulus (Cc)

Arten	Unterarten	Sonder-formen	Niederschlag	Vorkommen
stratiformis lenticularis floccus castellanus	undulatus lacunosus	virga mamma	kein Niederschlag	**WPh 3** **WPh 4**

Der Cirrocumulus zeigt das Bild dünner, weißer Flecken, Felder oder Schichten ohne Eigenschatten, die wiederum aus kleinen körnig, gerippelt oder geflockt aussehenden und mehr oder weniger regelmäßig angeordneten Einzelwolken zusammengesetzt sind. Er besteht ebenfalls aus Eiskristallen. Anfangs können jedoch bei der Bildung stark unterkühlte Wassertröpfchen vorhanden sein, die aber schnell zu Eiskristallen werden.

Häufige Arten und Unterarten

Cc stratiformis: ausgedehnte horizontale Felder oder Schichten.

Cc lenticularis: linsen- oder mandelförmige, oft langgestreckte Bänder mit scharf ausgeprägten Umrissen.

Cc undulatus: wellenförmig angeordnete Wolkenfelder.

Cc virga (Sonderform): Fallstreifen aus Eiskristallen, die aus der Unterseite des Cc herabhängen.

Entstehung

- Durch Konvektion innerhalb dünner labiler Schichten.
- Durch Hebung in Leewellen oder Wogen (siehe bei Ac!).
- Durch weitere Verdichtung von dünnen Cirruswolken.

Wetterbedeutung

Cc str la: zeigt Labilisierung in der Höhe an, im Sommer Gewittervorbote für den Nachmittag oder Abend (WPh 3, 4).

Cc un aus dem Westsektor: Wetterverschlechterung in 18 bis 36 Stunden (WPh 3, 4).

Cc len: mitunter bei Alpenföhn (WPh 3f).

Oben: Cc stratiformis undulatus. ▶

Unten links: Cc floccus undulatus.

Unten rechts: Cc stratiformis lacunosus (hohe Schäfchenwolken).

Cirrostratus (Cs)

Arten	Unterarten	Mutter-wolken	Niederschlag	Vorkommen
fibratus nebulosus	duplicatus undulatus	Cc Cb	kein Niederschlag	**WPh 4**

Der Cirrostratus ist ein durchscheinender, weißlicher Wolkenschleier von faserigem, haarähnlichem oder einförmigem Aussehen, der den Himmel ganz oder in großen Teilen überzieht. In ihm treten gewöhnlich Haloerscheinungen auf (s. S. 108), die durch Reflexionen des Sonnenlichtes an seinen Eiskristallen entstehen.

Häufige Arten und Unterarten
Cs fibratus: faserige Schleier.
Cs nebulosus: glatter, einförmiger und nebelartiger Schleier.
Cs undulatus: Schleier mit Wogenbildungen.

Entstehung
- Durch gleichmäßiges und weiträumiges Aufgleiten von wärmerer über kältere Luft in der hohen Troposphäre unter stabiler Schichtung.
- Durch Umbildung aus den anderen Cirrusgattungen.

Wetterbedeutung
Cs: Der Cs besteht wie der Ci und Cc aus sehr kleinen Eiskristallen und führt keinen Niederschlag mit sich. Er zeigt bei fallendem Luftdruck mit Sicherheit eine Wetterverschlechterung an (WPh 4). Vor allem bei Cs neb setzt Niederschlag etwa in 8 bis 24 Stunden ein und kündigt sich häufig durch Haloerscheinungen (s. S. 108) an.

Kondensstreifen

Kondensstreifen sind »echte« Wolken, die sich in der Bahn eines Flugzeugs bilden, wenn die umgebende Luft genügend kalt und feucht ist. Kurz nach ihrer Entstehung im obersten Wolkenstockwerk sehen sie wie leuchtend weiße und dünne Streifen aus, die jedoch bald die charakteristischen, nach unten gerichteten Quellformen zeigen, die wie umgekehrte Pilze aussehen. Überwiegend lösen sie sich nach wenigen Minuten wieder auf, können aber auch mehrere Stunden erhalten bleiben. In diesem Fall breiten sie sich zunehmend aus, wobei sie immer mehr die Gestalt von flockigem und faserigem Cirrus, Cirrocumulus oder sogar Cirrostratus annnehmen und schließlich kaum mehr von der natürlichen hohen Bewölkung zu unterscheiden sind. Auf viel beflogenen Luftstraßen kann bei entsprechend günstigen Wetterlagen (meist bei den WPh 2 und 3) auf diese Weise eine das gesamte Himmelsbild überziehende Cirrusbewölkung entstehen.

Entstehung
Den Anstoß geben nur die bei der Kraftstoffverbrennung im Flugzeug erzeugten Abgase, die einen hohen

Oben: Cs fibratus, darunter As radiatus. ▶

Unten: Cs nebulosus opacus, darunter As radiatus.

Anteil an Wasserdampf enthalten. Dieser kondensiert zunächst zu Wassertröpfchen, die unterhalb von −40 bis −45 °C schnell gefrieren oder zu Eiskristallen werden. Diese dienen als »Eiskeime« für die nun schlagartig einsetzende Kondensation oder Sublimation des überschüssigen Wasserdampfs der Umgebungsluft, sofern diese übersättigt war.

Wetterbedeutung
Bleiben Kondensstreifen länger erhalten oder verbreitern sie sich noch, zeigen sie eine Feuchtezunahme in der hohen Troposphäre (in 8–12 km) und damit eine sich anbahnende Wetterverschlechterung an (WPh 3!). Lösen sie sich bald wieder auf, kann man annehmen, daß der Hochdruckeinfluß zunächst noch erhalten bleibt.
Sie machen außerdem deutlich, wie weitgehend der Mensch durch Luftverschmutzung Wetter und Klima bereits verändert: Da Cirrusbewölkung die Sonnenstrahlung in hohem Maße in den Weltraum zurückreflektiert, konnte man unter Luftstraßen, wo Kondensstreifen häufig auftreten, bereits einen meßbaren Rückgang der mittleren Oberflächentemperaturen des Erdbodens feststellen.

Wolken der hohen Atmosphäre

Die Perlmutterwolken der Stratosphäre (s. S. 28), die in 20–30 km Höhe vorkommen, haben eine Ähnlichkeit mit dem Cirrus und zeigen ein sehr deutliches perlmutterartiges Irisieren. Die prächtigsten Farben werden zur Zeit der »bürgerlichen« Dämmerung beobachtet, also wenn die Sonne bereits einige Grade (bis 6 Grad) unter dem Horizont steht.
Die linsenartigen Formen der Perlmutterwolken deuten darauf hin, daß sie durch Leewellen (s. S. 87) entstehen, die sich über Gebirgen noch bis in die untere Stratosphäre fortsetzen können. Sie kommen hauptsächlich in Nordeuropa, Alaska und in der Antarktis vor.

Leuchtende Nachtwolken

Sie werden selten und nur im Sommer in den nördlichen Regionen der mittleren Breiten bis zur Polarzone beobachtet. Ihre Höhe liegt zwischen 75 und 90 km, also in der oberen Mesosphäre (s. S. 28). Bei einem Sonnenstand von 5–13 Grad unter dem Horizont (»astronomische« Dämmerung) heben sie sich gegen den dunklen Nachthimmel ab, so daß man sie etwa eine Stunde nach Sonnenuntergang oder vor Sonnenaufgang beobachten kann. Sie haben wie die Perlmutterwolken eine Ähnlichkeit mit dünnem Cirrus und treten nahe dem Horizont golden oder rotbraun auf, gehen aber höher am Himmel allmählich in Blauweiß über und erscheinen nahe dem Zenit blaugrau. Gelegentlich können sie in Orangerot oder Purpur aufleuchten. Nach neueren Beobachtungen nimmt man an, daß sie aus winzigen Eiskügelchen bestehen und weniger aus vulkanischer Asche oder Meteoritenstaub, wie man früher glaubte.

Oben links: Kondensstreifen. ▶

Oben rechts und unten: Aus Kondensstreifen hervorgegangener Ci uncinus, Cc floccus und Cs fibratus.

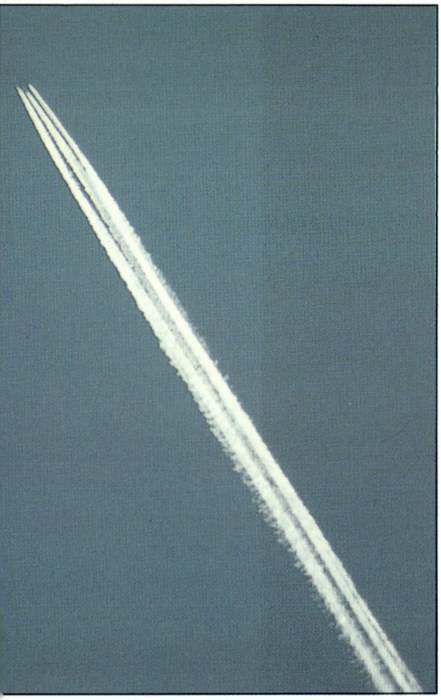

Altocumulus (Ac)

Arten	Unterarten	Sonderformen	Mutterwolken	Niederschlag	Vorkommen
stratiformis lenticularis castellanus floccus	translucidus perlucidus opacus duplicatus undulatus radiatus lacunosus	virga mamma	Cu Cb	kein Niederschlag	**WPh 3** **WPh 4** **WPh 5**

Der Altocumulus besteht aus Flekken, Feldern oder Schichten von Wolken, die zumeist einen Eigenschatten haben und deshalb häufig grau oder grauweiß aussehen. Sie setzen sich aus schuppenartigen Teilen oder aus einzelnen Ballen oder Walzen usw. zusammen, die manchmal auch faserig oder verwaschen erscheinen. Er besteht fast immer aus unterkühlten Wassertröpfchen. Unter −10 °C kann er auch Eiskristalle enthalten. Normalerweise fällt aus ihm kein Niederschlag. Durch Lichtbrechung an den Wolkentröpfchen erscheint nicht selten ein perlmutterartiges Irisieren der Wolkenränder.

Häufige Arten und Unterarten

Ac stratiformis: ausgedehnte horizontale Felder oder Schichten.
Ac lenticularis: s. Leewellenwolken!
Ac castellanus: aus einer gemeinsamen Wolkenbank wie Zinnen herauswachsende Türmchen.
Ac floccus: einzelne kleine Büschel mit zerfransten Unterteilen, häufig mit Schleppen.
Ac perlucidus: unregelmäßiges Muster von kleinen Lücken in der Wolkendecke.
Ac opacus: dichte Wolkendecke, Sonne oder Mond nicht erkennbar.
Ac undulatus: s. Wogenwolken!
Ac mamma: herabhängende, beutelförmige Quellungen an der Unterseite einer dichten Wolkendecke.

Entstehung

- Durch Aufgleiten einer ausgedehnten Luftschicht am Rande einer Aufgleitzone.
- Durch Konvektion oder Turbulenz innerhalb einer labilen Schicht des mittleren Wolkenstockwerks.
- Durch Umwandlung aus As und Ns bei Labilisierung oder aus Cu und Cb bei Stabilisierung.

Leewellenwolken (Ac lenticularis): Wird ein Gebirge senkrecht angeströmt, entstehen auf seiner Leeseite bei stabiler Schichtung die »Leewellen« (s. Grafik S. 87). Sie reichen oft weit über das Hindernis hinaus in die Höhe und in das leeseitige Flachland hinein. Ihre Wellenlängen wachsen mit der Strömungsgeschwindigkeit an und betragen z. B. bei einer Windgeschwindigkeit von

Oben: Ac stratiformis translucidus perlucidus (im Bildvordergrund). ▶

Unten: Ac mamma.

40–70 km/h etwa 5–10 km. Im aufsteigenden Ast einer Leewelle herrschen Aufwinde bis 15 m/sec, in Extremfällen bis 40 m/sec. Am häufigsten findet man Leewellen zwischen 2000 m und 7000 m, wobei die erste am besten entwickelt ist. Das Gebiet des stärksten Aufwindes verschiebt sich mit zunehmender Höhe gegen die Strömung auf den Hinderniskamm zu, so daß Auf- und Abwindgebiete mehr oder weniger geschichtet übereinander liegen können. Die Aufwindgebiete der Welle werden bei ausreichender Luftfeuchtigkeit durch langgezogene, parallel zur Gebirgskette ausgerichtete, fisch- oder linsenförmige Wolkenbänke (Ac len) angezeigt (s. »Föhn«, S. 50). Im aufsteigenden Teil der Leewelle kondensieren in der sich abkühlenden Luft laufend Wassertröpfchen aus und machen beim Durchlaufen die Strömung im Wellenberg sichtbar, während sie im absteigenden Teil durch adiabatische Erwärmung wieder verdunsten. Die vorderseitigen Ränder der Lentikulariswolken sind meist scharf begrenzt, die rückseitigen ausgefranst und dünn.
Durch Konvektion, d. h. durch Labilität der Luftschichtung werden Leewellen sofort zerstört. Bei ihrer Bildung muß der Wind in Kammhöhe eine zum Gebirgszug senkrechte Strömungskomponente von mindestens 40 km/h erreichen und mit der Höhe weiter zunehmen.
Unterhalb der Wellenberge bilden sich häufig ortsfeste Luftwirbel mit horizontaler Achse, die sogenannten Rotore. In ihnen herrscht eine sehr starke und für die Luftfahrt gefährliche Turbulenz und Böigkeit, die häufig durch eine walzenförmige Cumulusbewölkung sichtbar wird.

Wogenwolken (Helmholtz-Wogen): Ähnlich wie die Lentikularisformen entstehen in Cc- oder Ac-Feldern nicht selten wellen- oder wogenartige Wolken aus langgestreckten ballenförmigen Teilen, deren physikalische Erklärung von H. v. Helmholtz (1821–1894) stammt. Sie bilden sich im Unterschied zu den Leewellenwolken in der freien Atmosphäre an Grenzflächen von Luftmassen unterschiedlicher Temperatur und Strömungsgeschwindigkeit (s. Grafik rechts unten).

Wetterbedeutung

Ac str in lockerer und flacher Anordnung: ohne besondere Bedeutung (Randbereich des Warmsektors oder einer Aufgleitzone bei wenig Änderung).
Ac len, »Föhnwolke«, bei Wind aus SSW bis SE über den Nordalpen und dem Alpenvorland: »Föhnzusammenbruch« und deutliche Wetterverschlechterung innerhalb 12 bis 48 Stunden (WPh 3f). Erscheint sie auch in freier Atmosphäre ohne Gebirgshindernis, ist mit Wetterverschlechterung in 12 bis 24 Stunden zu rechnen (WPh 4, 5).
Ac str un: Schlechtwetter in 12 bis 24 Stunden. Im Sommer ab Nachmittag Gewittergefahr (WPh 3, 4).
Ac cas, Ac flo am morgendlichen Himmel im Sommer: mit hoher Wahrscheinlichkeit Gewitter oder Schauer am Nachmittag oder Abend (WPh 3, 4, 5).

Oben: Ac undulatus und As (s. S. 88). ►

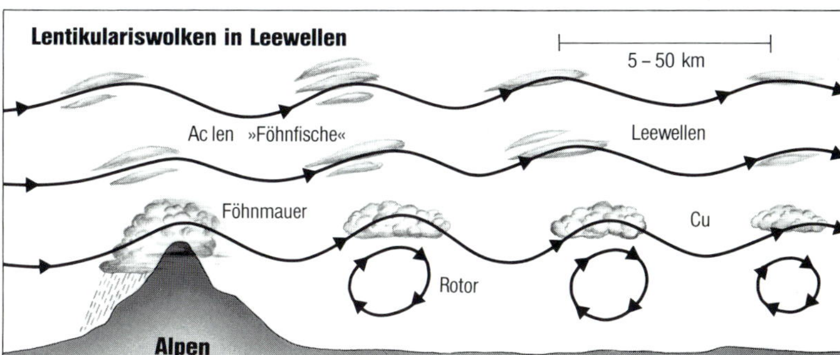
Lentikulariswolken in Leewellen
5 – 50 km
Ac len »Föhnfische«
Leewellen
Föhnmauer
Cu
Rotor
Alpen

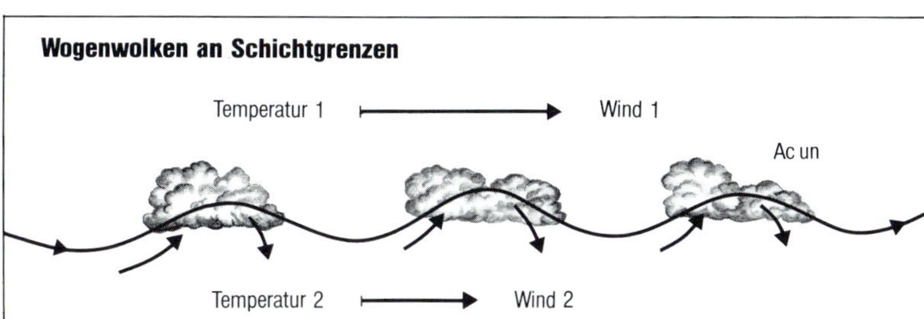
Wogenwolken an Schichtgrenzen
Temperatur 1
Wind 1
Ac un
Temperatur 2
Wind 2

Altostratus (As)

Unterarten	Sonder-formen	Mutter-wolken	Niederschlag	Vorkommen
translucidus opacus duplicatus undulatus radiatus	virga praecipitatio pannus mamma	Ac Cb Ns Cs	anhaltend als Regen, Schnee, Eiskörner; selten als Frostgraupel	**WPh 4** **WPh 5**

Graue oder graublaue Wolkenfelder oder -schichten von faserigem, streifigem oder einförmigem Aussehen. Sie bedecken den Himmel ganz oder teilweise und können stellenweise so dünn sein, daß die Sonne wie durch ein Mattglas schwach zu erkennen ist. Im Altostratus treten keine Haloerscheinungen auf. Sofern er mächtig genug ist, fällt aus ihm meist Dauerniederschlag als Regen, Schnee oder Eiskörner. Die Wolken bestehen aus Wassertröpfchen und Eiskristallen, neben denen auch Regentropfen oder Schneeflokken vorhanden sind.

Häufigere Unterarten

As translucidus: Sonne ist schwach durch die Wolkendecke zu erkennen.
As opacus: Sonne oder Mond durch die Bewölkung völlig verdeckt.
As duplicatus: zwei oder mehrere, dicht übereinanderliegende As-Schichten, die teilweise zusammenwachsen können (Wetterverschlechterung!).
As undulatus: mit Wogenbildungen.
As radiatus: parallele Streifung der Wolke, die scheinbar am Horizont zusammenläuft.
As praecipitatio (Sonderform): mit Niederschlag, der den Erdboden erreicht.
As pannus: mit Wolkenfetzen, die in tiefer liegenden turbulenten Schichten durch Feuchteanreicherung aus verdunstendem Niederschlag entstehen.

Entstehung

- Durch Aufgleiten ausgedehnter Luftschichten bis in größere Höhen.
- Aus anderen Wolken: aus Cs, der an Mächtigkeit zunimmt; aus Ac mit zahlreichen Eiskristallschleppen (virga), die ihm ein einförmiges Aussehen geben; aus Ns, der an Mächtigkeit abnimmt; aus Cb durch Ausbreitung der mittleren und oberen vereisten Wolkenabschnitte an Inversionen.

Wetterbedeutung

Ganz allgemein zeigt der As kommendes oder länger andauerndes Schlechtwetter an, da er die charakteristische Wolke für ausgedehntes Aufgleiten an der Tiefvorderseite ist.
As tr, sich verdichtend: Wetterverschlechterung mit Niederschlag in 6 bis 12 Stunden bei Annäherung einer Warmfront (WPh 4, 5).
As du und As pan: anhaltendes Schlechtwetter (WPh 4, 4a).

Oben: As translucidus. ►

Unten: Ac und As in dichter Schicht.

Stratocumulus (Sc)

Arten	Unterarten	Sonder-formen	Mutter-wolken	Niederschlag	Vorkommen
stratiformis lenticularis castellanus	translucidus perlucidus opacus duplicatus undulatus radiatus lacunosus	mamma virga praecipi-tatio	As Ns Cu Cb	schwach als Re-gen, Schnee, Reifgraupel	**WPh 4** **WPh 5** **WPh 6**

Der Stratocumulus setzt sich mosaikartig aus Schollen, Ballen oder Walzen zusammen, die zwar keine faserige oder verwaschene Struktur haben, aber teilweise zusammengewachsen sein können. Die Bewölkung hat insgesamt das Aussehen von grauen oder weißlichen Flekken, Feldern oder Schichten, die außerdem dunkle Stellen enthalten. Die Wolken bestehen meist aus Wassertröpfchen, seltener aus größeren Regentropfen, im Winter auch aus Schneekristallen oder -flocken bzw. Reifgraupeln, wobei Niederschlag selten und nur schwach ausfällt.

Häufige Arten und Unterarten

Sc stratiformis: in ausgedehnten horizontalen Feldern oder Streifen.
Sc lenticularis: langgestreckte, linsen- oder mandelförmige Bänke mit deutlich abgegrenzten Umrissen.
Sc lacunosus: mit runden, oft ausgefransten Löchern wie bei einem unregelmäßigen Netz oder einer Wabe.
Sc perlucidus: durch kleine unregelmäßige Lücken durchsichtig.
Sc duplicatus: in zwei oder mehreren Schichten übereinanderliegend.
Sc undulatus: wogenförmige Anordnung der Wolkenteile, manchmal in parallelen Walzen, die durch wolkenfreie Streifen getrennt sind.
Sc mamma (Sonderform): hängende, beutelförmige Quellungen an der Unterseite.

Entstehung

- Durch Turbulenz.
- Durch Konvektion in labilen, wasserdampfgesättigten Luftschichten, die nach oben durch eine starke Inversion begrenzt sind.
- Durch Wellenbewegung in sehr feuchten Luftschichten und meist an Inversionen.
- Aus anderen Wolken (Ns, Cu, St).

Wetterbedeutung

Sc str op, vor allem in der kälteren Jahreszeit: Hochdruckwetter anhaltend, ggf. mit leichtem Nieseln, sonst niederschlagsfrei (WPh 6, 1).
Sc str pe, Sc str tr, Wolkenlücken sich vergrößernd: Wetterbesserung (WPh 1).
Sc str la, Sc str du, Sc str un: Wetterbesserung meist nur vorübergehend (WPh 6z).

Oben: Sc radiatus, im Vordergrund Sc duplicatus. ▶

Unten: Sc perlucidus, im Hintergrund Cu mediocris.

Stratus (St)

Arten	Unterarten	Sonderformen	Mutterwolken	Niederschlag	Vorkommen
nebulosus fractus	opacus translucidus undulatus	praecipitatio	Ns Cu Cb	Sprühregen, Eisprismen, Schneegriesel	**WPh 1** **WPh 4a** **WPh 5** **WPh 6**

Der Stratus ist eine durchgehend graue und einheitliche Wolkenschicht mit einförmiger Untergrenze, aus der Sprühregen, Eiskristalle oder Schneegriesel fallen können. Ist die Sonne überhaupt zu erkennen, erscheint sie wie eine helle Scheibe mit klaren Umrissen. Nur bei sehr tiefen Temperaturen im Winter treten im Stratus Haloerscheinungen auf. Manchmal kommt er auch in Form zerfetzter Schwaden vor. Als Hochnebel tritt er bevorzugt in der kälteren Jahreszeit auf.

Häufige Arten und Unterarten

St nebulosus: nebelartige, ziemlich einförmige und graue Schichtwolke.

St fractus: in mehrere Teile verschiedener Größe und Helligkeit zerfallende Schicht oder »Schlechtwetterfetzen«, die ihre Form rasch ändern.

St opacus: dicht, Sonne oder Mond völlig verdeckt.

St translucidus: dünn, mehr schleierartig; Umrisse von Sonne oder Mond deutlich erkennbar.

St praecipitatio: mit Niederschlag in Form von Sprühregen, Schneegriesel oder Eisprismen.

Entstehung

- Durch Abkühlung der unteren Luftschichten, insbesondere durch Wärmeabstrahlung an der Obergrenze tiefliegender Inversionen (Hochnebel).
- Durch Turbulenz in der bodennahen Luftschicht, wenn sie durch Niederschlag mit Feuchtigkeit angereichert ist (pannus-Formen).
- Aus anderen Wolken: aus Sc, dessen Untergrenze absinkt; aus Nebel (s. nächste Doppelseite!).

Wetterbedeutung

St neb, im Sommer: Gewittergefahr bei hoher Feuchte (WPh 6, 1).

St fra (Schlechtwetterfetzen): anhaltender oder bald einsetzender Niederschlag (WPh 4a, 5).

St pra: meist länger anhaltendes, neblig-trübes Wetter, vorwiegend in der kälteren Jahreszeit (WPh 1).

Oben: St opacus praecipitatio. ▶

Unten: Obergrenze eines St nebulosus oder St fractus (Hochnebel über dem Talgrund); darüber Ac lenticularis.

Dunst und Nebel

Dunst und Nebel entstehen, sobald der Sättigungsgrad der Luft erreicht ist. Bei Sichtweiten von 1–8 km spricht man von Dunst, bei Sichtweiten unter 1 km von Nebel.
Unter 80% relativer Luftfeuchte herrscht »trockener« Dunst, der z. B. durch Rauch, Abgase oder durch den von der Erdoberfläche aufgewirbelten und verfrachteten Staub entsteht. Den Übergang zum Nebel bildet der »feuchte« Dunst, der bei erhöhter Luftfeuchte mit seiner milchig-grauen Färbung die Sichtweite auf 1–4 km verringert.
Zwischen Wolken und Nebel besteht kein prinzipieller Unterschied. Während die Wolken jedoch fast ausschließlich durch Hebung der Luft beim Aufgleiten oder bei turbulenten Vorgängen entstehen, ist für das Auftreten von Nebel die Abkühlung der Luft durch Ausstrahlung über einer kälteren Unterlage oder durch Mischung mit einer kälteren Luftmasse verantwortlich.

Strahlungsnebel
Er bildet sich bei klarem Himmel und windschwachem Wetter meist abends und nachts und vor allem im Herbst oder Frühjahr, wenn die Temperaturschwankungen zwischen Tag und Nacht am größten sind (s. unteres Foto). Wenn nach Sonnenaufgang die Erdoberfläche sich erwärmt, wird dieser Bodennebel von unten wieder aufgelöst und es entsteht der Hochnebel mit einer deutlich sichtbaren Untergrenze. Seine Obergrenze liegt meist nur wenige 100 Meter über dem Boden und wird von einer deutlich ausgeprägten Inversion gebildet.

Advektionsnebel
Er entsteht, wenn sich feuchtwarme Luft beim Überströmen einer kälteren Unterlage abkühlt. Er ist die mächtigste und dauerhafteste Nebelform (besonders im Winter).

Mischungsnebel
Er tritt dann auf, wenn mit der Abkühlung der Luft eine gleichzeitige Erhöhung ihres Wasserdampfgehaltes verbunden ist, z. B. im Bereich von Warmfronten (s. oberes Foto).

Wetterbedeutung
Anzeichen für kommendes oder beständiges **Schönwetter** (WPh 1, 2):
- heller, weißlicher Dunst bei Sichten über 15 km;
- Dunstschichten über Tälern und gute Fernsicht in den Bergen;
- fallender, sich auflösender Nebel;
- starker Taufall in der Nacht (durch Strahlungsabkühlung der Oberflächen bei klarem Himmel).

Anzeichen für **Wetterverschlechterung** (WPh 3, 4):
- Besserung der Sichtweite auf über 50 km, ferne Berge und Wälder erscheinen dunkel-bläulich;
- Auflösung von Dunstschichten;
- nach klarer Nacht kein Taufall;
- gute Fernsicht und klarer Himmel in den Frühstunden bei auflebendem Wind;
- aufsteigender Nebel mit Bildung einer tiefliegenden, zunehmend dichten Wolkendecke (Sc, Sc op);
- Beschlagen von Flächen und Gegenständen (=Zufuhr sehr feuchter und warmer Luft);
- »fallender« Rauch.

Oben: Mischungsnebel. ▶
Unten: Strahlungsnebel.

Nimbostratus (Ns)

Sonderformen	Mutterwolken	Niederschlag	Vorkommen
praecipitatio virga pannus	Cu Cb	wie As (s. S. 88)	**WPh 5**

Der Nimbostratus ist eine graue bis dunkle und das gesamte Himmelsbild einnehmende Wolke, aus der häufig anhaltender Niederschlag ausfällt. Er ist so dicht, daß die Sonne unsichtbar bleibt und das Tageslicht stark gedämpft oder verdüstert wirkt. Unterhalb seiner Basis treten nicht selten noch tiefere Wolkenfetzen auf, die mit ihm zusammenwachsen können. Der Nimbostratus besteht teils aus unterkühlten Wassertröpfchen, teils aus größeren Regentropfen, Schneekristallen oder -flokken und hat keine Arten oder Unterarten.

Sonderformen

Ns praecipitatio: mit Niederschlag, der den Erdboden erreicht.
Ns virga: mit Fallstreifen an der Wolkenunterseite;
Ns pannus: mit zerrissenen Wolkenfetzen, die in den tieferliegenden labilen und turbulenten Schichten unterhalb der Basis des Ns infolge Verdunstung von Niederschlag entstehen und mit dem Ns zusammenwachsen können. (Diese Kennzeichnung für den ›pannus‹ gilt auch für die Sonderformen As pan, Cu pan und Cb pan!).

Unterschied zu ähnlichen Wolken anderer Gattungen

Ac opacus, Sc opacus: der Ns besitzt im Gegensatz zu diesen Wolkenunterarten keine klar abgegrenzten Wolkenteile und auch keine deutlich ausgeprägte Untergrenze.
St opacus: aus dem Ns fallen Niederschläge in Form von Regen, Schnee, Eiskörnern oder Frostgraupel; aus dem St opacus nur in Form von Sprühregen, Eisprismen oder von Schneegriesel.
Cb (s. S. 100 ff.): Blitz, Donner und Hagel kommen nur im Cb vor, auch wenn er wie ein Ns aussieht.

Entstehung

- Durch Aufgleiten ausgedehnter Luftschichten bis in das oberste Wolkenstockwerk.
- Aus anderen Wolken: durch Anwachsen eines As oder durch Ausbreitung aus einem Cb.

Wetterbedeutung

Ns vir: unmittelbar bevorstehender Niederschlag (WPh 5).
Ns pra, Ns pan: Schlechtwetter mit meist anhaltenden Regen- oder Schneefällen (WPh 5).

Oben: Ns praecipitatio. ▶
Unten: Ns praecipitatio pannus.

Cumulus (Cu)

Arten	Unterarten	Sonder- formen	Mutter- wolken	Niederschlag	Vorkommen
humilis mediocris congestus fractus	radiatus	pileus velum virga praecipitatio arcus pannus tuba	Ac Sc	nur aus mächtigem Cu Regenschauer (vor allem in den Tropen)	**WPh 1** **WPh 2** **WPh 5** **WPh 6**

Einzelne, voneinander getrennte, dichte und scharf abgegrenzte Wolken, die sich in Form von Hügeln, Kuppeln oder Türmen in die Höhe entwickeln und oft wie ein Blumenkohl aussehen. Die von der Sonne beschienenen Seiten der Wolken sind leuchtend weiß. Die wegen Abschattung dunkleren Untergrenzen verlaufen horizontal und wirken oft wie abgeschnitten. Der Cumulus besteht fast immer aus Wassertröpfchen. In gemäßigten Breiten fällt aus ihm kaum Niederschlag.

Häufige Arten und Unterarten

Cu humilis: niedrig und abgeflacht.

Cu mediocris: mäßige Entwicklung in die Höhe, mit Aufquellungen oder emporschließenden Teilen.

Cu congestus: große Höhenerstrekkung; stark quellende, wie ein Blumenkohl aussehende Formen.

Cu fractus: stark zerfetzte Ränder; rasch sich ändernde Umrisse.

Sonderformen:

Cu pileus: mit flacher Kappe oder Haube (aus Eiskristallen).

Cu velum: mit einem Schleier (aus Eiskristallen) am Oberteil, der von den nachfolgenden Quellungen manchmal durchbrochen wird.

Entstehung

Der Cu zeigt immer eine Labilität der Luftschichtung mit der entsprechenden Konvektion oder Turbulenz an (s. S. 22 und 29)

Wetterbedeutung

Cu hum, Entstehung mittags und Auflösung abends: meist beständiges Schönwetter (WPh 6, 1).

Cu med, Cu con, Entstehung gegen Mittag: Gewitter oder Schauer am Nachmittag oder Abend (WPh. 1, 2).

Cu con, aus dem Südwestsektor heranziehend: nachhaltige Wetterverschlechterung, Kaltfrontdurchgang in 6 bis 12 Stunden (WPh 4, 5).

Cu pil, Cu vel: Schauerwolke, Vorstadium zum Gewitter (WPh 3, 4).

Cu fra: starker Wind behindert die Entwicklung von Schauern oder Gewittern (WPh 6, 6z).

Cu med, Cu con am Abend- oder Morgenhimmel: Wetterverschlechterung in den nächsten 12 bis 24 Stunden (WPh 4).

Oben: Cu humilis. ▶

Mitte: Cu mediocris.

Unten: Cu congestus velum.

Cumulonimbus (Cb)

Arten	Sonder- formen	Mutter- wolken	Niederschlag	Vorkommen
calvus capillatus	praecipitatio, virga, pannus, incus, mamma, pileus, velum, arcus, tuba	Ac As Ns Sc Cu	Schauer aus Regen, Schnee, Reifgraupel, Frostgraupel, Hagel, z. T. mit Gewitter	**WPh 5** **WPh 6**

Massige und sehr hohe Quellwolke, deren Form sich rasch ändert. Im oberen Abschnitt treten glatte, faserige oder streifige Wolkenteile auf. Der oberste Teil erscheint abgeflacht und breitet sich meist amboßartig oder wie ein Federbusch aus. Unter der sehr dunklen Untergrenze befinden sich oft Wolkenfetzen, die später mit der Hauptwolke zusammenwachsen können.

Arten und Sonderformen
Cb calvus: überwiegend glatte Formen; die Aufquellungen am Gipfel verlieren die scharfen Umrisse.
Cb capillatus: oberer Abschnitt besteht aus einer ausgefransten, faserigen oder streifigen Wolkenmasse.
Cb praecipitatio: mit Niederschlag (Regen, Hagel, Schnee, Reif- oder Frostgraupel) in Schauerform.
Cb virga: mit Fallstreifen.
Cb pannus: mit »Schlechtwetterfetzen« an der Wolkenunterseite.
Cb incus: mit amboßförmigem Oberteil.
Cb pileus velum: siehe bei Cu!
Cb arcus: mit Böenkragen oder Böenwalze an der Unterseite.

Entstehung und Wetterbedeutung
Siehe »Gewitter«.

Das Gewitter

Eines der eindrucksvollsten Naturschauspiele ist das Anwachsen eines Cumulus zu einer Gewitterwolke, zu einem Cumulonimbus (Cb). Im Grunde genommen ist er nichts anderes als eine gewaltig gesteigerte Thermik, die bei hochreichender Feuchtlabilität der Atmosphäre ausgelöst wird. Die freigesetzte Verdunstungswärme beschleunigt die entstehenden Aufwinde jedoch immer mehr, bis die mächtig aufquellenden Wolkentürme vom Cu med ausgehend sich über den Cu con zum Cb entwickelt haben, der schließlich durch alle Wolkenstockwerke hindurch bis an die Tropopause reicht. Begleitet wird dieses Schauspiel von Blitz und Donner und endet in starken, schauerartigen Regenfällen, die mit stürmischen und böigen Winden und nicht selten mit Hagel verbunden sind.
Der Cumulonimbus enthält im oberen Teil Eiskristalle und Graupelkörner und in den tieferen wärmeren Schichten Wassertröpfchen, die z. T. erheblich unterkühlt sein können.

Oben: Cb incus aus der Ferne. ▶

Unten: Ausschnitt aus dem oberen Teil eines Cb calvus velum.

Durch gegenseitige Anlagerung bilden sich daraus Eiskörner, die, von den heftigen Aufwinden im Inneren der Wolke in der Schwebe gehalten, immer weiter anwachsen. Werden sie zu schwer, fallen sie durch die wärmeren Schichten und kommen als großtropfiger Regen oder Hagel auf der Erdoberfläche an.

Eine Gewitterwolke besteht meist aus mehreren Zellen unterschiedlicher Entwicklungsphasen. Im Jugendstadium (Cumulus-Stadium) herrschen an ihrer Vorderseite (in Zugrichtung) starke Aufwinde bis 20 m/sec, die zunächst ein Ausfallen von Niederschlag verhindern. Das Vor- oder Jugendstadium der Gewitterwolke ist an den glatten Formen und rundlichen Aufquellungen am Gipfel zu erkennen (Cb calvus), sie verlieren sich jedoch beim Übergang zum Reifestadium. Bei sommerlichen Gewittern bilden sich an der Wolkenunterseite häufig netzartig gewobene Ac-Wolken aus. Dieses »Gewitternetz« läßt mit großer Wahrscheinlichkeit auf unmittelbar folgende elektrische Entladungen schließen.

Im Reifestadium (Cumulonimbus-Stadium) wandelt sich durch verstärkte Eisbildung der oberste Teil der Wolke zu einer ausgefransten, faserigen oder streifigen Wolkenmasse, dem typischen Gewitterschirm (Cb capillatus), der häufig die Gestalt eines Amboß (incus) annimmt. Die Aufwinde im Innern steigern sich bis 30 m/sec und mehr, während die Niederschlagsbildung nun in vollem Gange ist und die großen Eiskörner gegen den Aufwind zu fallen beginnen. Durch Abkühlung infolge des Verdunstens oder Schmelzens von Wasser und Eis bilden sich Kaltluftkörper, die als Fallwinde herabstürzen, wobei sie Hagelkörner oder große Wassertropfen mitreißen und am Erdboden als die gefürchtete Gewitterbö auftreten.

Im Altersstadium setzen sich bei nachlassender thermischer Energiezufuhr die Abwinde durch, der Cb regnet aus und bildet sich zurück. Vom Cu med bis zum voll ausgebildeten Cb mit den ersten Blitzentladungen vergeht etwa eine Stunde.

Es gibt verschiedene Arten von Gewittern, ausgelöst werden sie durch:

- Starke Erwärmung der bodennahen Luft durch Sonneneinstrahlung (Luftmassengewitter).
- Hebung der Luft im Bereich von Wetterfronten (Frontgewitter).
- Abkühlung der Luft in höheren Schichten durch Ausstrahlung an Wolkenoberflächen oder Zufuhr kälterer Luft (Luftmassengewitter, Wintergewitter).
- Hebung feuchtwarmer Luft an Gebirgshindernissen (orographische Gewitter).

Die Luftmassengewitter treten innerhalb einer einheitlichen Luftmasse vor allem als die sogenannten Wärmegewitter auf. Sie werden nur im Sommer über der von der Sonne aufgeheizten Erdoberfläche ausgelöst. Ihre größte Häufigkeit ist deshalb auch am späten Nachmittag und besonders im Bereich von flachen »Hitzetiefs« zu erwarten. Während der Nacht lösen sie sich wieder auf.

Entwicklung vom Cu congestus (oben) zum Cb calvus (unten) innerhalb weniger Minuten (Ausschnitt). ▶

Über See entstehen Luftmassengewitter, wenn feuchtlabile Kaltluft über eine warmes Meeresgebiet fließt. Hier wirkt die Strahlungsabkühlung an den Wolkenoberflächen zusätzlich labilisierend, so daß die Gewitter zumeist nachts, gegebenenfalls auch im Winter beobachtet werden.

Warmfrontgewitter sind sehr selten, da ihrer Entwicklung die in der Regel stabile Schichtung in Warmfronten entgegensteht. Sie sind meist in die übrige Bewölkung eingebettet und beschränken sich auf wenige Entladungen bei geringer Wetterwirksamkeit.

Kaltfrontgewitter sind dagegen die häufigste Gewitterart, sie treten meist im Sommer auf. Ursache ist die kräftige und rasche Hebung der Luft im Warmsektor des Tiefs durch die vorstroßende Kaltluft. Diese Gewitter kommen zu jeder Tageszeit vor und bringen häufig einen deutlichen Temperaturrückgang.

Die orographischen Gewitter sind den Warmfrontgewittern ähnlich und werden an Gebirgshindernissen durch die erzwungene Hebung warmfeuchter Luft ausgelöst.

Blitz und Donner

In einer Gewitterwolke bauen sich gewaltige elektrische Spannungsunterschiede auf, die in sichtbaren und unsichtbaren Entladungen ihren Ausgleich finden. Ein typischer Blitz von 1 bis 3 km Länge überbrückt z. B. zwischen Atmosphäre und Erde eine Spannungsdifferenz von mehreren 100 Millionen Volt. Er überträgt die Ladung von etwa 10^{20} Elektronen in der Zeit von 1/100 bis 1/1000 Sekunde und erzeugt dabei kurzzeitig einen elektrischen Strom von 10 bis 20 Kiloampere. Umgerechnet auf eine Sekunde bedeutet dies allerdings nur einen Strom von der Stärke 10 bis 20 Ampere. Die Arbeit, die ein Blitz z. B. über einen Elektromotor leisten könnte, beträgt etwa 100 Kilowattstunden, sofern man seine elektrische Energie speichern könnte.

Gewitter mittlerer Stärke erzeugen mehrere Blitze in der Minute. Die dazu notwendigen negativen Ladungen entstehen vor allem beim Zusammenstoß der Graupelkörner mit den Eiskristallen und unterkühlten Wassertröpfchen bei den turbulenten Vorgängen im oberen Teil des Cb.

Als Folge der Blitzentladung entsteht der Donner. Die plötzliche Erhitzung der Luft im Blitzkanal (Durchmesser einige Dezimeter) bis auf 30 000 °C in wenigen Mikrosekunden führt zu einer Schockwelle, die in der Nähe des Blitzeinschlags als scharfer Knall und in weiterer Entfernung als Donnerrollen hörbar wird. Aus dem Zeitintervall zwischen dem Aufleuchten des Blitzes und dem Einsetzen des Donners läßt sich die Entfernung des Blitzes abschätzen. Da sich der Schall mit einer Geschwindigkeit von ca. 340 m/sec ausbreitet, würde sich z. B. aus 6 gezählten Sekunden zwischen Blitz und Donner die Entfernung von $6 \times 340\ m = 2040\ m$, also etwa von 2 km ergeben.

Oben: Cb calvus (s. S. 100) bei Entwicklung zu einer Gewitterwolke. ▶

Unten: Wolken – Erdblitz mit horizontalen Verästelungen.

Der Regenbogen

Auf Blitz und Donner folgt das versöhnende Farbenspiel des Regenbogens: Seinen Mittelpunkt findet der Betrachter im Gegenpunkt der Sonne, d. h. Sonne, Betrachter und Mittelpunkt des Regenbogens bilden eine Linie. Die Farben entstehen durch Brechung des Sonnenlichtes an und in den Wassertropfen der abziehenden Regenwolke und sind um so prächtiger und vielfältiger, je einheitlicher und größer die Tropfen sind. Durch mehrfache Brechung der Lichtstrahlen entsteht neben dem Hauptregenbogen mit einem Radius von 40–42 Grad der etwas seltenere Nebenregenbogen mit einem Radius von 51–54 Grad, vom Betrachter zum Gegenpunkt der Sonne gerechnet. In ganz seltenen Fällen erscheinen nach innen und außen anschließend weitere, jedoch immer schwächere »überzählige« Bögen (s. Grafik). Die Farbenfolge des Hauptregenbogens geht von außen Rot über Orange, Grün, Blau und Indigo bis Violett innen, beim Nebenregenbogen umgekehrt von Rot innen bis Violett außen. Die Ursache für die Auffächerung der Regenbogenfarben liegt in der unterschiedlichen Brechung in den Wassertropfen, wobei Rot am wenigsten und Violett am stärksten abgelenkt wird (s. Grafik).

Oben: Haupt- und Nebenregenbogen (am linken Bildrand). ►

Unten: Etwas verwaschener Regenbogen. In beiden Fotos ist die typische Aufhellung innerhalb des Hauptregenbogens gut zu erkennen.

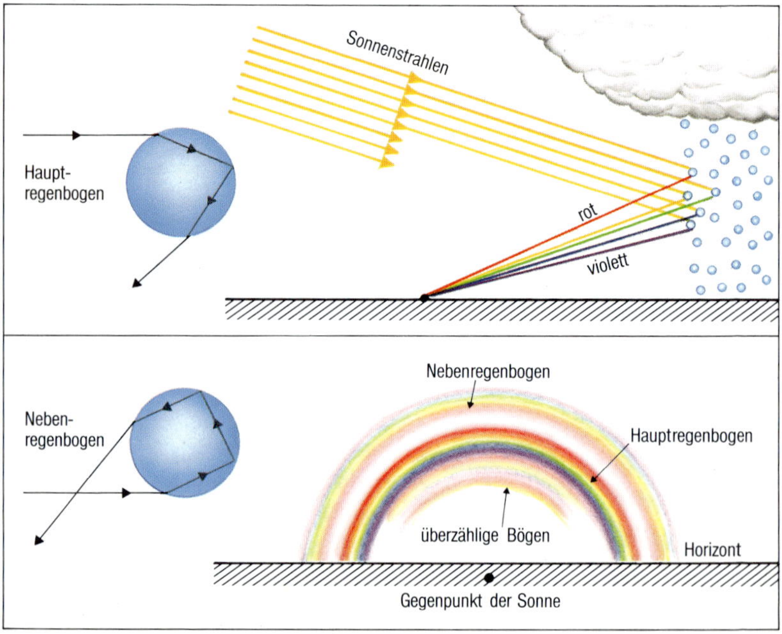

Haloerscheinungen

Eindrucksvoller noch als der Regenbogen sind farbige oder hell leuchtende Ringe, Bogen, Lichtflächen oder -säulen, die bei bestimmten Wetterlagen als Haloerscheinungen (griech. »hálos« = Tenne, Hof) wie seltsame geometrische Konstruktionen aus Licht das Himmelsbild beherrschen. Manche von ihnen sind so selten, daß sie bisher nur wenige Male beobachtet wurden.

Entstehung

Haloerscheinungen entstehen durch Brechung und Spiegelung, seltener durch Beugung des Sonnen- oder Mondlichtes an den Eiskristallen in der Atmosphäre, wie sie im Cirrus, in den Fallstreifen (virga), im Frostnebel und gelegentlich auch über Schneeflächen vom Wind in die Höhe gewirbelt vorkommen.

Die Eiskristalle müssen eine geometrisch fest umrissene und einfache Form haben (sechseckige Säulen, Platten oder Prismen), um Haloerscheinungen hervorzurufen. Die strahlendsten von ihnen ergeben sich an langsam gewachsenen Eiskristallen mit gut ausgebildeten Formen und klaren Flächen. Ihre Vielfalt läßt eine kaum zu überblickende Anzahl von Haloerscheinungen zu. In Polargebieten oder Hochgebirgsländern treten sie besonders schön hervor, in mittleren und südlicheren Breiten werden viele von ihnen selten oder nie beobachtet. Am häufigsten sind in unseren Breiten die Ringe um Sonne oder Mond, der Zirkumzenitalbogen, die Nebensonnen und die vertikale Lichtsäule zu sehen. Seltener sind die Berührungsbogen an den Haloringen (s. Grafik).

Wetterbedeutung

Auch als sogenannter »meteorologischer Luxus« sind Halos nützlich: sie zeigen eine baldige Wetterverschlechterung an. In Verbindung mit hohem Cirrus oder Cirrostratus sind sie ein untrügliches Zeichen, daß in der hohen Troposphäre das Aufgleiten feuchterer Luftmassen eingesetzt hat und nun der Übergang von Wetterphase 3 zum aufkommenden Wetterumschlag bei Phase 4 stattfindet.

Oben: 22°-Haloring um die Sonne. ►

Unten links: Nebensonne rechts von der Sonne.

Unten rechts: Zirkumzenitalbogen.

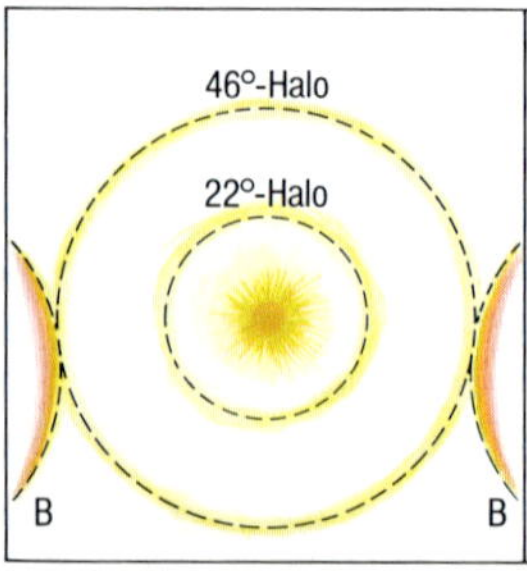

Haloringe um die Sonne und seitliche Berührungsbögen (B, farbig)

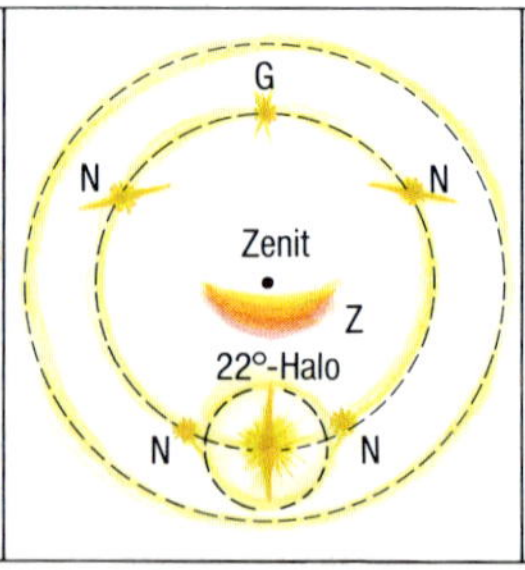

Zirkumzenitalbogen (Z, meist farbig), Nebensonnen (N) und Gegensonne (G, sehr selten)

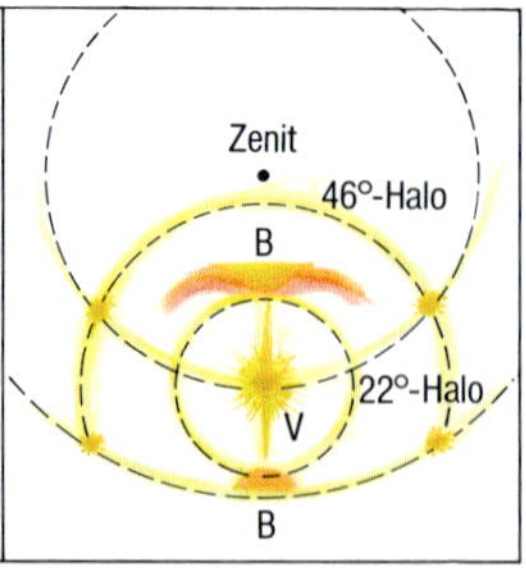

Oberer und unterer Berührungsbogen (B) an den 22°-Ring (verändern sich stark mit der Sonnenhöhe) und Vertikalsäule (V)

Der farbige Himmel

Für das hellweiße Sonnenlicht bedeutet die irdische Lufthülle ein Hindernis, das es durchdringen muß. Durch Streuung und Absorption an den Molekülen der Luftgase und der vielen Abgase, an Ruß- und Staubpartikeln, an den Wolken- oder Wassertropfen sowie an Eis- und Schneekristallen verliert das Licht der Sonne viel an »Kraft«. Weil dabei sein blauer Anteil stärker gestreut wird als sein roter, erscheint uns der wolkenlose Tageshimmel blau und leuchtet die tief am Horizont stehende Abend- oder Morgensonne wegen des verlängerten Lichtweges in einem Farbenspiel aus Rot, Rotgold, Rosa oder Orange, je nach dem Trübungsgrad der Atmosphäre.

Bei einem Sonnenstand zwischen 2 und 6 Grad unter dem Horizont ist manchmal ein besonderes, rötlich- bis purpurfarbenes Aufleuchten des Himmels über der untergegangenen Sonne zu beobachten. Dieses Purpurlicht der Dämmerung wird durch Staub- oder Aschewolken aus größeren Vulkanausbrüchen hervorgerufen, die in Luftschichten zwischen 20 und 25 km Höhe vorübergehend eine starke Trübung verursachen können.

Aus einer »Verschmutzung« der hohen Atmosphäre entsteht somit das Naturschauspiel des Alpenglühens, wenn im Widerschein des Purpurlichtes etwa 20 bis 30 Minuten nach Sonnenuntergang bei wolkenfreiem Himmel die nach Westen gewandten Felsenflächen, Schnee- und Gletscherfelder des Hochgebirges nochmals aufleuchten, bevor sie im Graublau der Nacht versinken. Das dichterische Bild von den Farben als einem Opfer des Lichtes an die Finsternis (J. W. v. Goethe) erfaßt wenigstens in solchen Augenblicken die Wirklichkeit des uns umgebenden Wolken- und Farbenhimmels mehr als irgendwelche physikalischen Deutungsversuche.

Wetterbedeutung

- Morgenrot und Abendgrau des wolkigen Himmels: Vorboten von Schlechtwetter mit Niederschlag in 6 bis 12 Stunden (WPh 4, 5).
- Abendrot und Morgengrau (Entstehung durch Dunst): Wetterbesserung bzw. Schönwetter WPh 6 und WPh 1).

Oben: Morgenrot. ▶

Unten links: Abendrot.

Unten rechts: Sonnenuntergang.

Wetterpraxis

Die Beobachtung des Zusammenwirkens der einzelnen Wetterelemente kann für den Betrachter eine sichere Prognose sein. Eine Wetteränderung kündigt sich durch bestimmte Zeichen an, deren Bewertung für die eigene Wetterpraxis oftmals notwendig wird. Dem Beobachter sei empfohlen, seinen Blick nicht nur gegen den Himmel zu richten, sondern auch seine Umwelt, wie das Verhalten der Natur und der Tiere, in Augenschein zu nehmen. Im folgenden sollen wesentliche Beobachtungskriterien genannt werden.

Wetterverschlechterung

Anzeichen am Himmel

Das Morgenrot ist ein wesentliches Merkmal der Wetteränderung. Eine tiefe Verfärbung des Himmels bereits vor Sonnenaufgang läßt den Betrachter eine erhebliche Verschlechterung erwarten.

Als weitere Kriterien sind hier zu nennen:

- das Abendgrau,
- Sonnenringe und Nebensonne,
- gute Fernsicht und dunkelgrau erscheinende Berge,
- steigender Nebel,
- klarer Himmel morgens bei starkem Wind.

Anzeichen in der Natur

Die Beobachtung der Natur und Tiere gibt gleichfalls nützliche Aufschlüsse über eine kommende Wetteränderung. Unruhig hin- und herlaufende Ameisen weisen eindeutig auf Regen hin. Ein starkes Gewitter oder auch ein Wettersturz kündigen sich oftmals durch erhöhte Aggression von Mücken, Wespen und anderen Insekten gegenüber dem Menschen an.

Verfolgt man Tiere in der freien Wildbahn, so stellt man fest, daß diese einen bestimmten Zeitrhythmus im täglichen Ablauf haben, so z. B. in der Nahrungsaufnahme. Diese Beobachtung wird man bei gleichbleibender Witterung machen können. Ändern Tiere diese Gewohnheiten, beispielsweise durch eine Ortsveränderung, so steht eine Änderung der Wetterentwicklung bevor. So wagt sich Rot- und Rehwild vor Regen oder Gewitterschauer zur Äsung kaum aus dem Wald.

Bei nahenden Unwettern ist das Verhalten des Klees typisch. Er läßt die Blütenköpfe hängen und faltet seine Blätter zusammen.

Oben: Ci fibratus und Cc stratiformis als Vorboten einer Wetterverschlechterung. ▶

Unten: Aufziehendes Regenwetter (As translucidus und Sc fractus).

Schönes Wetter

Anzeichen am Himmel

Abendrot am wolkenlosen Horizont kündigt einen schönen Tag an. Geht dieses mit rosa angestrahlten Cirren einher, so ist beständiges Wetter für die nächsten Tage angesagt.
Weitere Kriterien sind:

- Morgengrau,
- starker Tau frühmorgens,
- Ostwind, der im Sommer große Hitze und im Winter starken Frost bringt.

Anzeichen in der Natur

Das Spielen von Mückenschwärmen in der Abendsonne läßt einen beständigen Tag erwarten. Wenn Bienen morgens eilig ausschwärmen, und auch tagsüber fleißig mit Einbringen des Blütenstaubes beschäftigt sind, dann ist für den Tag das Wetter anhaltend schön. Stellen sie ihre Arbeit am späten Nachmittag ein, so ist für den kommenden Tag auch für den Beobachter nichts an der Wettersituation auszusetzen.
Ein Kleintier, das auch dem Stadtmenschen geläufig ist, die Spinne, ist ein sicherer Wetterprophet. Spinnt sie ihr Netz auch bei trübem Wetter, so ist mit bevorstehender Wetterbesserung zu rechnen. Die Spinnen können ihr für das Netz bestimmte Material nicht unendlich produzieren, deshalb sind sie auf gutes Wetter angewiesen. Je aktiver sie ihr Netz weben, desto anhaltender ist das schöne Wetter.

Oben: Tautropfen auf Frauenmantelblättern, ein Anzeichen für schönes Wetter.

Mitte: Schönwetterhimmel (Wetterphasen 1 und 2).

Unten: Ac floccus undulatus deutet auf mögliche Wetterverschlechterung hin.

Kurzzeitige Wetterprognose

Zur kurzzeitigen Wetterprognose gibt es verschiedene technische Meßgeräte, auf denen auch der meteorologische Laie Veränderungen leicht erkennen kann.

Außenthermometer (vgl. S. 10)
Das Außenthermometer, sofern im Schatten angebracht, gibt Aufschluß über Wetterveränderungen. Bei raschem Rückgang im Sommer ist Hagel mit starken Gewittern zu befürchten. Im Winter bedeutet es langanhaltenden Frost mit kalten Hochdrucklagen aus dem Osten. Das Steigen des Thermometers beginnt im Hochsommer bereits morgens mit über 20 °C und läßt einen heißen Tag folgen. Im Winter folgt der nachlassenden Kälte Tauwetter.

Hygrometer (vgl. S. 12)
Die Messung der Luftfeuchtigkeit mit Hilfe des Hygrometers ist ein weiterer Anhaltspunkt zur Wetterprognose. Liegt der gemessene Wert um 50% Luftfeuchtigkeit, ist die Wetterlage stabil mit trockener Luft und schönem Wetter. Reicht der gemessene Wert hingegen an 100% Luftfeuchtigkeit, so ist die Luft feucht, das Wetter verschlechtert sich.

Barometer (vgl. S. 14)
Am Barometer läßt sich der Luftdruck ablesen. Fällt das Barometer, so ist schlechteres Wetter zu erwarten; bei schnellem Fallen Sturm, im Sommer Gewitter, die nicht selten mit Hagel einhergehen. Steigt das Barometer, ist anhaltend schönes Wetter, im Herbst oft über Wochen hinweg, die Folge.

Kompaß und Wind
Mit Hilfe des Kompasses läßt sich eine weitere Wetterprognose erstellen. Kommt der Wind aus West bis Süd, ist mit Wetterverschlechterung zu rechnen. Der Wind ist abnehmend, die Windstärke liegt bei 0–4 Beaufort. Im Voralpenraum ist Südwind kennzeichnend für Föhn-Wetterlagen (s. S. 50)
Bläst der Wind aus Nordost bis Ost, tritt Wetterbesserung ein. Der Wind nimmt zu, die Windstärke liegt über 5 Beaufort.
Grundsätzlich kann man festhalten:

- Langsame Veränderungen ergeben anhaltendes Wetter.
- Schnelle Veränderungen ergeben unbeständiges Wetter.

Bauernregeln

Bekannt und zu Unrecht oft belächelt sind die alten Wettersprüche oder »Bauernregeln«. Sie stammen größtenteils aus Zeiten, in denen es noch keine Lehrbücher gab und auch alles meteorologische Wissen nur in Merksprüchen überliefert wurde. Besonders die Landbevölkerung war bei ihrer täglichen Arbeit ja noch viel mehr vom Wetter abhängig als heute und war deshalb gezwungen, das Wetter und seine Gesetze am Verhalten des Windes, der Wolken, der Lufttemperatur oder -feuchte – und nicht zuletzt der Tier- und Pflanzenwelt treffend genau zu beobachten und abzulesen.
So sind die »Bauernregeln« ein Wissensschatz, der heute noch seine Gültigkeit hat, wenn man ihn von manchen abergläubischen oder unsinnigen Beigaben aus späteren Zeiten befreit.

Wettergefahren

Mit Wettergefahr ist im allgemeinen eine Wetterverschlechterung gemeint. Dies beginnt bereits bei zunehmenden Winden (Flug- und Wassertransport) und endet spätestens beim Einsetzen eines Gewitters (Wanderer, Bergsteiger).

Wind

Wolken oder Rauchfahnen aus Kaminen zeigen die Windrichtung und die Stabilität der Schichtung an (vgl. Grafik). Die Geschwindigkeit der Wolken zeigt die Stärke des Höhenwindes an. Der Bodenwind kann durch In-die-Luft-werfen von Gräsern oder Blättern festgestellt werden. Meistens kann man auch spüren, aus welcher Richtung der Wind weht, wenn man einen Finger anfeuchtet und hochhält.
Aufgrund der Winddrehung (vgl. S. 23) läßt sich auf der nördlichen Hemisphäre nach dem Buys-Ballotschen-Gesetz folgendes feststellen: Man stelle sich so, daß man den Wind im Rücken hat, so liegt links vor einem ein Gebiet tieferen Luftdruckes und somit schlechtes Wetter, rechts hinter einem ein Gebiet höheren Luftdruckes und somit besseres Wetter.
Man beachte: Jede Änderung der Windrichtung deutet auf eine Veränderung des Wetters. Dreht der Wind plötzlich, obgleich er längere Zeit aus der gleichen Richtung geblasen hat, ist eine vollkommene Wetteränderung die Folge. Wenn der Wind in einzelnen Höhenlagen aus verschiedenen Richtungen bläst, so steht fast immer eine Wetterverschlechterung bevor. Charakteristisch ist, daß die

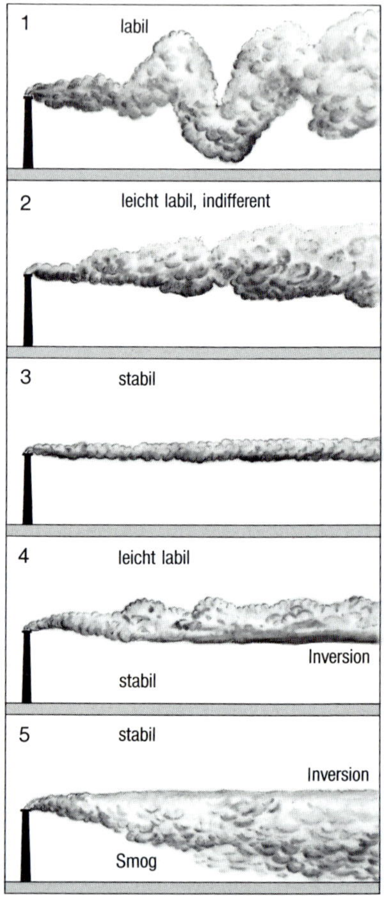

Die einzelnen Wettersituationen lassen sich anhand des Verhaltens einer Rauchfahne ersehen:
1. stark labile Luftschichtung;
2. indifferente bis leicht labile Schichtung;
3. stabile Luftschichten;
4. stabile Schichtung am Boden;
5. »Deckeleffekt«, stabile Schichtung in der Höhe mit Smog am Boden.

Wolken in verschiedenen Höhen gegeneinander ziehen, wobei sich der Wind in der höheren Schicht durchsetzt.

Abschließend läßt sich sagen:

- Weht der Wind aus West, folgt überwiegend nasses Wetter,
- weht er aus Nord, folgt überwiegend kaltes Wetter,
- kommt er aus Ost, wird es meist trocken,
- und bei Südwind wird sich der Beobachter oft über warmes Wetter freuen können.

Nebel

Steigt der Nebel auf und sättigt er die Luft der höheren Schichten mit Feuchtigkeit, so fällt diese durch die Luftzirkulation im Tagesverlauf als Niederschlag zu Boden.
Bildet sich an heißen Sommertagen Frühnebel, kommen im Laufe des Tages Gewitter auf.
Entsteht nach einem Gewitter Dunst, wird der Luft soviel Feuchtigkeit zugeführt, daß neue Spannungen in der labilen Schichtung entstehen, die sich in Form eines weiteren Gewitters entladen werden.
Dunkelgrauer, nässender Nebel leitet Schlechtwetterperioden ein.

Glatteis

Glatteis entsteht bei zunehmender Erwärmung und nicht bei zunehmender Kälte. Es ist ein Zeichen des Überganges vom Frost- zum Tauwetter. Glatteis entsteht, wenn Wasser nach Frost auf sehr kalten Boden fällt. Bei der Berührung gefriert das Wasser sofort zu Eis.
Man beachte: Glätte ist festgetretener oder vereister Schnee, der durch die Luftkälte gefroren ist. Hieraus abzuleiten, daß eine Erwärmung der Luft erfolgt, wäre falsch.

Oben: Regenwetter: Ns über dem Bergwald.

Unten: Windstärke 8 auf See.

Gewitter

Bei den verschiedenen Arten von Gewittern gibt es Verhaltensmaßnahmen, die auch in der heutigen hochtechnisierten Welt Beachtung finden sollten. Der schnellen Übersicht halber sind sie nach Gruppen gegliedert.

Allgemeine Verhaltensmaßnahmen

- Generell gilt, nicht unter Bäumen Schutz zu suchen. Auch Buchen und Linden sind nicht vor Blitzschlag sicher, vor allem, wenn sie auf nicht sichtbaren unterirdischen Wasseradern stehen. In einer Erdmulde, tief gebückt, ist der Schutz optimal.
- Durch die »Faradaysche Wirkung« ist das Auto der beste Schutz vor Blitzschlag, sofern die Fenster geschlossen und die Autoantenne eingefahren ist.
- Zu meiden sind Kirch- und Aussichtstürme aller Art, Fahrräder und andere Ausrüstungsgegenstände aus Metall oder Eisen.
- Niemals bei Gewitter baden oder sich am Ufer aufhalten.
- Große Gefahr birgt auch der vermeindliche Schutz am Waldrand. Blitze werden oftmals über die Bäume, die am Rand stehen, abgeleitet. Der Wald wirkt wie ein Zeltdach. In seinem Inneren findet man sicheren Schutz.
- Im Haus elektrische Maschinen und Anschlüsse meiden. Elektrische Geräte, z.B. Fernseher, ausschalten. Bei fehlender Blitzschutzanlage, sich immer in der Mitte der Zimmer aufhalten.
- Zelte und Wohnwagen sollten nicht auf Bergkuppen, an Waldrändern oder unter Bäumen stehen. Sucht man unter einem Zelt Schutz, sollte man das Berühren der Zeltwände und der Aufstellstangen vermeiden.

Verhaltensmaßnahmen für Wassersportler

Neben der Beobachtung des Windverhaltens auf dem Wasser kann der Wassersportler auf die Sturmwarndienste zurückgreifen. Diese senden mit Hilfe von Leuchtgeräten, die rund um die Seen aufgestellt sind, zwischen dem 1.4. und dem 31.10. (7.00–22.00 Uhr) eines Jahres mit orangefarbenem Blinken ab Windstärke 6 zwei Signale. Dabei werden 40 Blitze pro Minute bei Vorwarnung und 90 Blitze bei Sturmwarnung pro Minute ausgestrahlt. Bereits bei Vorwarnung sollte der nächste Hafen zur Sicherheit angelaufen werden. Weitere Maßnahmen sind dem Abschnitt Wassersport (S. 122) zu entnehmen.

Verhaltensmaßnahmen für Flugsportler

Insbesondere für Freizeitflieger wie Segelflieger, Drachenflieger, Ballonfahrer und Paraglider gilt:

- Meiden von starken Böen.
- Umfliegen von gebietsweisen Wärmegewittern.
- Bei Frontgewittern (s. S. 102) ausnahmslos umkehren.
- Niemals in Gewitterwolken hineinfliegen.
- Genaues Beobachten der Windverhältnisse und deren Entwicklung.

Oben: Im Vordergrund Sc cumulogenitus, im Hintergrund Cu congestus und Cb calvus. ▶

Unten: Cb capillatus praecipitatio.

Verhaltensmaßnahmen bei Gewitter für Bergsteiger

Neben dem Flieger und dem Wassersportler ist der Bergsteiger, der in ein Gewitter gerät, von größter Gefahr bedroht. Nachstehende Verhaltensmaßnahmen sollen ihm eine Hilfe sein. Bereits beim Aufstieg sollte der Bergsteiger die Wolkenentwicklung beachten, um rechtzeitig eine Schutzhütte aufsuchen zu können.

Die größte Gefahr für einen Bergsteiger bei Gewitter ist ein Blitzschlag.

Anzeichen für eine unmittelbare Gewitter- und Blitzschlaggefahr: Mit dem Überziehen des Himmels mit bedrohlichen Wolken kommt das Grollen des ersten Donners auf. Die Entfernung eines Gewitters läßt sich durch die Zeitdifferenz zwischen Blitz und dem dazugehörigen Donner berechnen. Der Donner breitet sich mit der Geschwindigkeit von 340 m/sec aus. Die Anzahl der Sekunden wird mit 340 multipliziert, und man erhält damit die Entfernung in Metern (vgl. S. 104).

Ein weiteres Zeichen ist das Elmsfeuer, das eine schwache elektrische Entladung von Elektrizität ist und das man in gewittriger Luft in Form von bläulichen Lichtbüscheln zum Beispiel an Mastspitzen und Gipfelkreuzen beobachten kann. Manchmal spürt man ein Kribbeln auf der Haut oder die Haare stehen einem zu Berge. Bei dieser Beobachtung hat man den Ort sofort zu verlassen.

Blitzgefährdet sind vor allem:

- Einzelnstehende Bäume,
- Felsnasen,
- Grate,
- Bergspitzen.

Einen blitzsicheren Ort gibt es allerdings nicht, Erdoberfläche und physikalischer Aufbau der unteren Bodenstrukturen sowie die Leitfähigkeit des Bodens beeinflussen den Ort eines Blitzeinschlages.

Man beachte:

- Gipfel, Grate, hohe Geländepunkte, Kamine und Felsrinnen, Wasserläufe, einzelnstehende Felsbrocken, senkrechte Wände, wasserführende Rinnen, metallische Ausrüstungsgegenstände und erdige Moorflächen müssen gemieden werden.
- Wird man beim Klettern in einer Wand von einem Gewitter überrascht, immer eine mehrfache Seilsicherung anbringen, da ein Seil durch Blitzschlag abgetrennt werden kann. Dabei ist darauf zu achten, daß die Seile sich im rechten Winkel zum Erdstrom befinden.
- Hütten ohne Blitzschutzanlage und Zelte geben nur einen geringen Blitzschutz. Sich in der Mitte des Raumes oder Zeltes in Hockstellung aufhalten ohne die Außenwände zu berühren.
- Abstand von ca. 1 m von Felswänden oder Brocken einhalten, wenn möglich auf trockenen Untergrund achten.

Oben: Cb calvus. ▶

Unten: Im Gewitter (Cb praecipitatio pannus).

Tips für den Wassersportler

Der Wassersportler ist in erster Linie neben dem sonnigen Wetter an einem windreichen Tag interessiert. Dazu sind folgende Kriterien des Zusammenhanges von Wind und Wetterzeichen zu beachten.

Der Wind wird stärker bei:

- Morgenrot.
- Erster Dünung in der Morgendämmerung aus irgendeiner Richtung. Herrscht sehr gute Sicht bei aufkommender Dünung zeigt dies Sturm an.
- Thermisch bedingtem Abendwind.

Spezielle Windlagen für Segler

Föhn: Je nach Stabilität der Luftschichtung und je nach Windstärke kann der Wind von einem Bergzug bis über 30 km nach der windabgewandten Seite beeinflußt werden. Leichtes Hügelland, das im 90-Grad-Winkel zum Wind liegt, führt zu Wellenschwingungen im Luftstrom. Diese Wellenschwingungen lassen hinter dem Bergzug auf der windabgewandten Seite Ac len entstehen. Der Oberflächenwind wird dadurch gestört. Für den Segler und Windsurfer ist es daher günstig, an einer Hügelkettel zu segeln oder weit entfernt davon.

Vor einem Gewitter

Generell ist zu sagen, daß bereits bei den ersten Anzeichen des Aufzuges eines Gewitters oder eines Sturmes der nächste Hafen oder das Ufer anzulaufen ist (vgl. hierzu auch S. 118). Auch wenn das Segeln oder Surfen bei starkem Wind sehr große Freude bereiten kann, ist die Gefahr eines, oft auch tödlichen, Unfalles immer gegeben.

Für den Wassersportler ist es besonders wichtig, den Wind- und Wetterablauf ständig zu beobachten. Ebenfalls geben der Wolkenaufzug und die Zugrichtung wertvollen Aufschluß über die kommenden Wettergeschehnisse. Die Unwettergefahr sowohl auf Binnengewässern als auch auf der See wird heute vielfach unterschätzt.

Nachstehende Beobachtungsmerkmale sind als Hilfestellung zu verstehen.

- Gewitter bilden sich in erster Linie über Land, somit muß der Wassersportler den gesamten Himmel in seine Beobachtung einbeziehen. Mit dem Aufzug von Cb-Wolken in Richtung des Beobachtungsgebietes ist der Kurs in den nächsten Hafen zu lenken.
- Vermeintliche Stille über dem Wasser ist trügerisch. Sie fällt in kürzester Zeit zusammen und der Gewittersturm bricht los.
- Böenkragen bringen vor einer Gewitterfront regelmäßig Hagel mit sich.
- An Meeresküsten ist oftmals eine starke Sichttrübung gegeben, die Gewitterwolken nicht erkennen läßt. Ein kühl einsetzender Wind ist dann die einzige Beobachtungsmöglichkeit.

Oben: Cu humilis und Sc startiformis perlucidus. ►

Unten: Gewitteraufzug. Am linken Bildrand Cb praecipitatio arcus.

Tips für den Flugsportler

Für Segel- und Drachenflieger, Paraglider und Ballonfahrer sind in erster Linie die Aufwindarten wichtig.

Hangwind
An Bodenerhebungen wird der Wind durch Sonneneinstrahlung zum Aufsteigen gezwungen, wodurch der Hangwind erzeugt wird. Je nach Umgebung und Neigungswinkel des Hanges steigt die Stärke des Windes. Hindernisse, wie z. B. Wälder, verhindern diesen Hangwind.
Eine Weiterentwicklung des Hangwindes ist der thermische Hangwind. Er entsteht an Berghängen, wo sich die Luft stärker als im Tal erwärmt, und steigt als erwärmte Luft empor.

Frontenaufwind
Kalte Luft, z. B. bei Kaltfronten, drückt wärmere Luft in höhere Luftschichten. Dabei entsteht am oberen Ende der Front der stärkste Aufwind. Der Segelflieger findet hier sehr gute Bedingungen vor.
Man beachte: Niemals in eine Gewitterwolke fliegen. Hagel und Vereisung bringen größte Gefahr.

Wellenaufwind
Segelflieger finden in ihm die Möglichkeit für Höhensegelflüge. In langen Luftwellen entstehen Auf- und Abwinde an der Leeseite hoher Gebirgszüge. In den Föhnlagen der Zentralalpen kann der Segelflieger die Föhnwoge für den Flug nutzen.

Wolkenaufwind
Entsteht durch Wärme bei Wolkenbildung und ist in der Cb-Wolke am stärksten (Gefahr für Flieger!).

Windthermik
Bei hohen Windgeschwindigkeiten bilden Cu-Wolken die sogenannten Wolkenstraßen. Große Aufwindgebiete sind ideale Bedingungen für den Langstreckenflug, da das Kreisen entfällt. Bis in die Nachmittagsstunden ist der Segelflieger von Luftwalze zu Luftwalze unterwegs.

Hochthermik
Durch die Zufuhr kalter Luft in der Höhe und Ausstrahlung der obersten Schichten tritt eine Abkühlung der Luftmassen in der Höhe ein. Die Hochthermik ist durch Schäfchenwolken zu erkennen.

Trockenthermik
Bei trockener Luft fehlt die Wolkenbildung, trotzdem entstehen kräftige Aufwinde, die vor allem im Winter für den Flugsportler gute Flugbedingungen bringen.

Geländethermik
Thermikschläuche entstehen an der Unterseite einer Cu-Wolke bei ca. 1000 m. Sie ermöglichen einen »Pater-Noster-Effekt« zur Höhengewinnung.

Abendthermik
Die Bodenerwärmung läßt am Nachmittag durch den Temperaturrückgang nach. Seen, Städte und Wälder speichern die Wärme und erzeugen somit am Abend Aufwindgebiete.

Oben: Cu mediocris (z. T. sich wieder auflösend) als Anzeiger für gute Geländethermik. ▶

Unten: Cu humilis, entstanden durch die erzwungene Hebung der Luftströmung am Gebirgshindernis, darüber Ci fibratus intortus.

Register

Abendgrau 110, 112
Abendrot 110, 114
Abendthermik 124
Abgleiten 33
Absinken 31, 34, 64
absolute Feuchte 13f.
Advektionsnebel 94
allgemeine Gaszustandsgleichung 15
Alpenglühen 110
Altocumulus 84
Altostratus 88
Aneroidbarometer 15
Aristophanes 7
Aristoteles 6
Assurbanipal 6
atmosphärische Dynamik 31, 40
– Grenzschicht 27f.
Aufgleiten 58, 80, 84, 88, 96, 108
Ausstrahlung 102

Barometer 9, 115
barometrische Höhenformel 15
Bauernregeln 115
Beaufort, Sir Francis 17
Beaufortskala 18
Begleitwolken 72, 74
Berührungsbogen 108
Bioklimatologie 6
Biometeorologie 38
biotrop 40
biotrope Wetterlagen 38
Blitz 96, 100, 102, 104, 118, 120
Bodennebel 94
Böen 70, 118
Böenkragen 122
Böenwalze 100
böiger Wind 48, 60, 68
Böigkeit 21, 86

Celsius 10
Cirrocumulus 78
Cirrostratus 80
Cirrus 32, 38, 54, 76, 82, 108
Coriolis, G. de 23
Corioliskraft 23f.
Cumulonimbus 100
Cumulus 98

Dampfdruck 13
Donner 96, 100, 104, 120
Druckgradientkraft 23
Dynamik der Atmosphäre 41

Elmsfeuer 120
Exosphäre 26

Fahrenheit 10
Feuchte 14, 25f., 29f.
Feuchtegehalt 44
Feuchteverteilung 8
Feuchtigkeit 92
feuchtwarme Luft 58
Flugsportler 124
Föhn 50, 52, 78, 122, 124
Föhneinfluß 50
Föhnfische 50
Föhnmauer 50
Föhnwolke 86
Föhnzusammenbruch 52, 86
Frontenaufwind 124
Frontgewitter 102, 118
Frühnebel 44

Gebirgsföhn 24
Geländethermik 124
geographische Breite 11
Gestaltbildung 31
Gewitter 33, 46, 54, 56, 60, 64, 68, 86, 98, 100, 102, 104, 115, 117f., 120, 122, 124
Gewitternetz 102
Glatteis 117
Goethe, J. W. v. 7, 110
Gradientkraft 23f.
Grundschicht 28, 34

Haarhygrometer 14
Hagel 96, 100, 102, 115, 124
Haloerscheinungen 92, 108
Hangwind 124
Haufenwolken 31f., 64
Hebung 29, 78, 102, 104
Helmholtz, H. v. 86
Heterosphäre 29
Hippokrates 6, 38
Hoch 32, 36, 38, 41, 44, 46, 48, 50, 60, 64
Hochdruckgebiet 35
Hochnebel 94
Hochthermik 124
Höhentrog 68
Homer 6
horizontaler Transport 17, 27f., 31
Howard, Luke 7
Hygrometer 115

indifferent 29, 116
indifferente Luftschichtung 33
internationale Wolkenklassifikation 72
Internationaler Wolkenatlas 7
Inversion 28, 30f., 34, 48, 64, 88, 90, 92, 116
Ionosphäre 29
IR-Strahlung 40
Isobaren 15, 38
Jahresgänge 14
Jahreszeit 11, 26, 33, 42, 46

kalte Meeresluft 58, 60
Kaltfront 13, 16, 33, 38, 62, 64, 66, 68, 70, 124
Kaltfrontdurchgang 33, 60, 70, 98
Kaltfrontgewitter 104
Kaltluft 33ff., 38, 50, 54, 60, 64, 66, 68, 70, 104
Kaltluftausbruch 62
Klima 12, 34f., 82
Klimaänderungen 26
Klimazonen 24, 35
Kondensstreifen 80, 82
Konvektion 22, 28, 31, 76, 78, 84, 86, 90

labile Kaltluft 66
labiles Aufgleiten 31, 33
Labilisierung 31, 46, 78, 84
Labilität 29ff., 34, 54, 116
Lamarck 7
Lautere Brüder 7
Leewellen 78, 82, 84, 86
Leewellenwolken 84, 86
leuchtende Nachtwolken 27f., 82
Luftdruck 9, 12ff., 23ff., 28, 64, 72
Luftdruckmessung 15
Luftfeuchtigkeit 9, 12ff., 40, 86, 115
Lufthygiene 40
Luftmassengewitter 102, 104
Luftschichtung 29
Luftströmung 8, 17, 24, 28
Lufttemperatur 9ff., 16, 40

Medizinmeteorologie 6, 9, 38, 40ff.
Mesosphäre 27f.
meteorotrop 41
Mischungsnebel 94
mittlere Westwindzone 24
Morgengrau 110, 114
Morgenrot 110, 112, 122
Mutterwolke 74

Nebel 14, 30, 33f., 36, 94, 112, 117
Nebensonne 108, 112
neurotrop 40
Nimbostratus 96
Nordostpassat 24

Okklusion 38, 70
Okklusionspunkt 33
Orkan 17, 42, 54, 68, 70
– Tornado 18
– Wirbelsturm 18
orographisches Gewitter 102, 104

Pascal, Blaise 14
Perlmutterwolken 27f., 82
Polarbanden 76
Polarlicht 27
Purpurlicht 110

Quecksilberthermometer 10
Quellbewölkung 33, 38, 44, 46, 54, 64, 66
Quellwolken 31, 34, 100

Regenbogen 106
Regenthermik 124
Reibungskraft 24
Reibungsschicht 24
relative Feuchte 13f., 94
Rotore 86

Schalenkreuzanemometer 20
Schichtung 32
Schichtwolken 31
Schlechtwetterfetzen 100
schwül 46, 54
Schwüle 40
Smog 116
Smoglage 34
Sonderformen 72, 74
Sonneneinstrahlung 102
Sonnenring 112
Sonnenstrahlung 40
stabile Luftschichtung 32
stabiles Aufgleiten 32
Stabilisierung 84
Stabilität 29ff., 33, 35, 116, 122
Stationsmodell 25, 36
Staubewölkung 50
Strahlungsnebel 94
Stratocumulus 90
Stratosphäre 26ff., 82
Stratus 92
strömende Luft 17
Strömungsrichtungen 38
Sturmtief 62
Sturmwarndienst 118
subtropische Hochdruckzone 24
– Warmluft 32
Südweststurm 62

Tagesgänge 14
Tageszeit 11
Taupunkt 14, 29f.
Temperatur 25
Temperatursturz 60
Theophrast 6
theoretische Meteorologie 8
Thermik 23, 100
Thermometer 9, 115
Tief 32, 36, 38, 41, 48, 54, 58, 60, 62, 64, 66, 70
Tiefausläufer 46, 50, 66
Tiefdruckrinne 24
Tiefdruckzone 50
Tiefentwicklung 58
Tiefrückseite 34
Tiefzentrum 70
Tornado 20
Torricelli 14f.
Trockenthermik 124
Trog 54, 60, 66, 70
Trogachse 16, 70
Trogorkan 70
tropischer Wirbelsturm 20
Tropopause 28
Troposphäre 26ff., 31, 72, 82, 108
Turbulenz 21f., 28, 76, 84, 86, 90, 92

Ultraviolettstrahlung (UV-Strahlung) 26, 29, 39, 52
UV-Anteil 52

Vereisung 124
vertikale Lichtsäule 108
– Temperaturabnahme 26
vertikaler Austausch 12, 17, 27f., 30, 34

warme Meeresluft 60
Wärmegewitter 46, 102
Wärmestrahlung 11, 40
Warmfront 13, 16, 33, 38, 94, 104
Warmfrontbewölkung 32
Warmfrontdurchgang 32
Warmfrontgewitter 104
Warmluft 32f., 35, 38
Warmsektor 32f., 60, 86, 104
Warmsektorlage 62
Wasserdampf 12, 14, 17, 26, 28f., 31, 82
Wasserdampfgehalt 94
Wellenaufwind 124
Wetterbilder 8f., 41
Wettereinflüsse 41
Wetterelemente 9, 36, 41
Wetterempfindlichkeit 38
Wetterfühligkeit 38, 40
Wettergefahren 116
Wetterkarte 15, 36, 38, 42
Wetterlage 9
Wetterphase 9, 40–61
Wetterphasenschema 42
Wettervorgang 9, 32, 41
Wind 9, 12, 17f., 20ff., 25, 31, 40, 44, 56, 64, 70, 72, 86, 98, 115ff., 122
Windgeschwindigkeit 17, 20, 22, 28, 84
Windrichtung 20, 76, 116
Windstärke 17, 20, 70, 115, 122
Windströmung 21
Windsysteme 24f.
Windthermik 124
Windvektor 21
Wintergewitter 102
Wirkungskomplex 39f.
Witterung 34f.
Wogenwolken 86
Wolkenarten 8f., 25, 72f.
Wolkenaufwind 124
Wolkenbilder 72–111
Wolkenfamilien 73
Wolkenformen 8f., 31, 43
Wolkengattungen 72ff.
Wolkenunterarten 72, 74
World Meteorological Organization 7

Zirkumzenitalbogen 108
Zwischenhoch 16, 70

Die Natur neu entdecken

Veronika Straaß

Natur erleben das ganze Jahr

Entdecken · Beobachten · Verstehen
Über 400 Fotos und Zeichnungen
Das Erlebnisbuch: die Natur im Jahreslauf bewußt wahrnehmen und aktiv entdecken – mit Beobachtungshinweisen, Anleitungen zum Spielen und Experimentieren, interessanten Fakten aus der Naturkunde usw.

BLV Tier- und Pflanzenführer für unterwegs

771 Tier- und Pflanzenarten auf rund 900 Farbfotos und Informationen zu Merkmalen, Vorkommen, Lebensweise, Entwicklung, Fortpflanzung, Besonderheiten und Gefährdung.

Dankwart Seidel/Wilhelm Eisenreich

Der BLV Foto-Pflanzenführer

440 heimische Pflanzenarten nach Blütenfarben. Mit Schnellbestimmsystem
Ein repräsentativer Querschnitt durch die heimische Flora: 440 Arten – geordnet nach Blütenfarbe, Blüten- und Blattform – mit Bestimmungsmerkmalen, Blütezeit, Standort und Verbreitung.

Günter D. Roth

Wetterkunde für alle

Alles über die Kräfte, die das Wetter machen, über Wetterkarten, typische Großwetterlagen in Europa, Ozonloch und Treibhauseffekt, Wetterdienste und -vorhersagen, Wolkenarten u.v.m.

Im BLV Verlag finden Sie Bücher zu folgenden Themen: Garten und Zimmerpflanzen • Wohnen und Gestalten • Natur • Heimtiere • Jagd • Angeln • Pferde und Reiten • Sport und Fitneß • Tauchen • Reise • Wandern, Alpinismus, Abenteuer • Essen und Trinken • Gesundheit und Wohlbefinden

BLV

Wenn Sie ausführliche Informationen wünschen, schreiben Sie bitte an:

BLV Verlagsgesellschaft mbH • Postfach 40 03 20 • 80703 München
Telefon 089/12705-0 • Telefax 089/12705-543